大豆玉米
带状复合种植技术
百问百答

全国农业技术推广服务中心 编
四川农业大学

U0381085

中国农业出版社
北京

图书在版编目（CIP）数据

大豆玉米带状复合种植技术百问百答 / 全国农业技术推广服务中心，四川农业大学编 . —北京：中国农业出版社，2022.12（2023.2 重印）

ISBN 978-7-109-29841-5

Ⅰ. ①大⋯ Ⅱ. ①全⋯ ②四⋯ Ⅲ. ①玉米－大豆－间作－问题解答 Ⅳ. ①S513-44 ②S565.1-44

中国版本图书馆 CIP 数据核字（2022）第 149482 号

大豆玉米带状复合种植技术百问百答
DADOU YUMI DAIZHUANG FUHE ZHONGZHI JISHU BAIWENBAIDA

中国农业出版社出版

地址：北京市朝阳区麦子店街 18 号楼
邮编：100125
责任编辑：魏兆猛
责任校对：吴丽婷
印刷：北京通州皇家印刷厂
版次：2022 年 12 月第 1 版
印次：2023 年 2 月北京第 2 次印刷
发行：新华书店北京发行所
开本：880mm×1230mm 1/32
印张：3.75
字数：105 千字
定价：29.80 元

编 委 会

前言 FOREWORD

　　大豆、玉米是我国重要的大宗粮食、油料、饲料作物，常年需求大豆1.1亿吨、玉米3.3亿吨，以净作生产方式满足国内消费需求，需用近15亿亩耕地，依靠大幅度增加净作面积提高大豆、玉米自给率难度较大。大豆、玉米为同季旱粮作物，二者争地矛盾成为困扰我国粮油安全的"卡脖子"问题。四川农业大学杨文钰教授研发团队针对传统大豆玉米间套作存在的田间配置不合理、大豆倒伏严重、施肥技术不匹配、病虫草害防控技术难、机械化水平低等问题，通过多年技术攻关并开展多点试验，研发出以选配品种、扩间增光、缩株保密为核心，合理施肥、化控抗倒、绿色防控为配套的大豆玉米带状复合种植技术体系，能够在尽量不减少玉米产量的同时增收一季大豆，实现大豆、玉米协同发展，具有较好的社会、经济和生态效益。同时，研制出相匹配的种管收作业机具，初步实现了农机农艺融合。该技术2003—2021年全国累计推广9 000多万亩，连续12年入选农业农村部和四川省主推技术，2019年遴选为国家大豆振兴技术重点推广技术，2022年明确写入中央1号文件，并在黄淮海、西北、西南地区大力推广。

　　2022年，农业农村部在河北、陕西、内蒙古、江苏、安徽、山东、河南、湖南、广西、重庆、四川、贵州、云南、陕西、甘肃、宁夏16个省（自治区、直辖市）推广大豆玉米带状复合种植技术，安排1500多万亩的示范任务。各级各地农技人员在技术研发原始创新的基础上，结合本地区生产实际，积极筛选适宜的大豆、玉米品种，总结探索最优模式配比和高效播种、施肥、除草、防病虫和收获方式，创造了一批高产典型。从各地测产测效看，基本实现了玉米不减产或略减产、每亩增加100公斤左右大豆的目标。为进一步加快大豆玉米带状复合种植技术推广应用，让广大农技人员和种植户全面掌握技术要点、准确把握技术关键，充分发挥技术的增产增收潜力，结合2022年该技术在各地试验示范的实际情况，全国农业技术推广服务中心、四川农业大学联合编写了《大豆玉米带状复合种植技术百问百答》，针对生产实践中农户关心的品种选用、栽培管理、病虫草害防控、机械化生产、政策支持等问题进行了全面深入解答，文字简洁易懂。同时，在关键技术环节联合中央农业广播电视学校录制了17期技术短视频，附在相关问答处，力图让读者准确掌握技术内涵及各环节实践操作。该书适合广大农业生产管理、农技推广、科研教学人员以及种植户使用，可作为大豆玉米主产区技术培训教材。

由于大豆玉米带状复合种植技术还在不断完善发展中，不同生态区、不同模式配比对技术具体操作也不尽相同，本书疏漏之处在所难免，敬请读者批评指正。

编　者
2022年12月

目录 CONTENTS

前言

技术综合篇

品种选择篇

病虫草害防控篇

机械化生产技术篇

附 件

视 频 目 录

技 术 综 合 篇

1. 大豆玉米带状复合种植技术与传统大豆玉米间作套种有何区别?

大豆玉米带状复合种植技术与传统玉米间作套种技术主要有三点区别:

(1) 田间配置方式不同　主要体现在三个方面:一是带状复合种植采用2行玉米:2～6行大豆的行比配置,年际间实行带间轮作。而传统间套作多采用单行间套作、1行:2行或多行:多行的行比配置,作物间无法实现年际间带间轮作。二是带状复合种植的两个作物带间距大、作物带内行距小,降低了高位作物对低位作物的荫蔽影响,有利于增大复合群体总密度;而传统间套作的作物带间距与带内行距相同,高位作物对低位作物的荫蔽影响大,复合群体密度增加难。三是带状复合种植的株距小,高位作物玉米带的株距要缩小至保证复合种植玉米的密度与单作相当,而大豆株距要缩小至单作种植大豆密度的70%以上,实现尽可能多产大豆的目标;而传统间套作模式一般采用同等大豆行数替换同等玉米行数,株距也与单作株距相同,使得一个作物的密度相较于单作大幅降低甚至仅有单作的一半,产量不能达到单作水平,间套作的优势不明显。

(2) 机械化程度不同　大豆玉米带状复合种植通过扩大作物带间宽度至播种、收获机具机身宽度,大大提高了机具作业通过性,实现播收环节机械化,不仅生产效率接近单作,而且降低了间套作复杂程度,有利于标准化生产。传统间套作受不规范行比影响,生产粗放、效率低，有的因 1 行：1 行（或多行）条件下行距过小或带距过窄无法机收；有的为了提高机具作业性能设计多行：多行，导致作业单元宽度过大，间套作的边际优势与补偿效应得不到充分发挥，限制了土地产出功能，土地当量比仅仅只有 1～1.2（1 亩*地产出 1～1.2 亩地的粮食），有的甚至小于 1。大豆玉米带状复合种植为了实现独立收获与协同播种施肥需求，机具参数有三个特定要求：一是某作物收获机的整机宽度要小于共生作物相邻带间距离，以确保该作物收获时顺畅通过；二是一般播种机有 2 个玉米单体，且单体间距离不变，根据区域生态和生产特点的不同调整玉米株距、大豆行数和株距，尤其是必须满足密度要求的最小行距和最小株距；三是根据大豆、玉米需肥量的差异和玉米小株距，播种机的玉米肥箱要大、下肥量要多，大豆肥箱要小、下肥量要少。

（3）土地产出目标不同　间套作的最大优势就是提高土地产出率，大豆玉米带状复合种植本着作物和谐共生、协同增产的目的，玉米不减产，多收一季大豆。大豆、玉米的各项农事操作协同进行，最大限度减少单一作物的农事操作环节，尽量减少成本、增加产出，投入产出比高。该模式不仅发挥了豆科与禾本科作物间套作根瘤固氮培肥地力的作用，还通过优化田间配置，充分发挥玉米的边行优势，降低种间竞争，提升大豆、玉米种间协同功能，使其资源利用率大大提高，系统生产能力显著增强。复合种植系统下单一作物的土地当量比大于 1 或接近 1，系统土地当量比在 1.4 以上，而传统间套作偏向当地优势作物生产能力的发挥，另一个作物的功能则以培肥地力或填闲为主，生产能力较低，其产量远低于当地单作水平，系统的土地当量比仅为 1.0～1.2。

2.Q 大豆玉米带状复合种植技术有哪些用途？

大豆玉米带状复合种植技术用途广泛，不仅可用于粮食主产区籽粒型大豆、玉米生产，解决当地的粮食供应问题，还可用于

＊ 亩为非法定计量单位，1 亩＝1/15 公顷。——编者注

沿海地区或都市农业区鲜食型大豆、玉米生产，结合冷冻物流技术，发展出口型农业，解决农民增收问题。在畜牧业较发达或农牧结合地区，可利用大豆、玉米混合青贮技术，发展豆-玉-畜循环农业。

(1) 籽粒用 选用收获籽粒的大豆、玉米品种进行带状复合种植。

(2) 鲜食用 选用鲜食毛豆品种和鲜食玉米品种进行带状复合种植。

(3) 青贮用 选用饲草大豆品种或青贮大豆品种与青贮玉米品种或粮饲兼用型玉米品种带状复合种植。

(4) 绿肥用 选用绿肥大豆品种与籽粒玉米品种带状复合种植，大豆直接还田肥用、玉米粒用。

3. 大豆玉米带状复合种植技术适合哪些区域应用？

大豆玉米带状复合种植技术适宜于长江流域多熟制地区，黄淮海夏玉米及西北、东北春玉米产区。玉米种植区理论上都可以应用该技术。

4. 大豆玉米带状复合种植技术在各地的产量表现如何？

应用该技术后的玉米产量与原净作产量基本相当或略减产，一般每亩新增间作大豆 100 千克左右，新增套作大豆 140 千克左右，1 亩地可产出 1.3 亩以上地的粮食。2022 年农业农村部组织专家在各地实收（3 亩地以上面积）测产较高产量的有：四川省遂宁市安居区奉光荣种植家庭农场带状套作大豆亩产 180.2 千克、玉米亩产 617.66 千克；山东省禹城市辛店镇大周庄村带状间作大豆亩产 165.1 千克、玉米亩产 633.78 千克；安徽省太和县带状间作大豆亩产 157 千克、玉米亩产 543 千克；山西省武乡县带状间作大豆亩产 137 千克、玉米亩产 511 千克。此外，全国农业技术推广服务中心线上调度了 16 个省（自治区、直辖市）4 059 个示范户产量情况，结果表明，大豆玉米带状复合种植全国大豆平均亩产 96 千克、玉米平均亩产 509 千克。

5. 大豆玉米带状复合种植技术的经济效益如何？

该技术在保证玉米稳产的基础上，增收一季大豆，粒用大豆玉米带状复合种植较单作玉米每亩成本增加 200 元左右、亩产值提高 500～600 元、亩利润提高 300～400 元；鲜食大豆玉米带状复合种植亩均增效 1 300 元左右，青贮饲用大豆玉米带状复合种植亩均增效 1 100 元左右。

该技术不仅经济效益较高，还通过全程机械化作业，大大提高了生产效率。如研制出了适宜带状间作套种的播种机、植保机及收获机，实现了播种、田间管理与收割全程机械化；通过扩大带间距离至 1.8～2.6 米、调整农机农艺参数，提高了播种收获机具的通过性与作业效率，有效缓解农村劳动力紧缺的压力，提高农业机械化水平，实现了提高经济效益与促进机械化水平的并行。

6. 大豆玉米带状复合种植技术的生态效益如何？

大豆玉米带状复合种植技术的生态效益明显，相对传统玉米甘薯套作可减少土壤流失量 10.8%、减少地表径流量 85.1%；相对传统玉米单作，可增加土壤有机质含量 20%、增加土壤总有机碳 7.24%、增加作物固碳能力 18.6%，使年均氧化亚氮和二氧化碳排放强度分别降低 45.9% 和 15.8%；大豆根瘤固氮量提高 9.24%，每亩相对玉米单作可减施纯氮 4 千克以上；利用生物多样性、分带轮作和小株距密植降低病虫草害发生，农药施用量降低 25% 以上，用药次数减少 3～4 次。

7. 大豆玉米带状复合种植技术增产增效的理论依据是什么？

该技术研发单位四川农业大学历经 22 年创建了大豆玉米带状复合种植"两协同一调控"理论体系，揭示了"高位主体、高（玉米）低（大豆）协同"光能高效利用新机制，阐明了复合系统"以冠促根、种间协同"利用氮、磷的生理生态机制，提出了耐阴抗倒大豆理想株型参数，形成了光环境、基因型与调节剂三者有机结合的低位作物株型调控理论，研发出了"选配品种、扩间增光、缩株保密"核心技术。根据这些理论与技术提出2行密植玉米带与2～6行大豆带交替复合种植，这就更好地利用了光和肥，更能充分发挥生物多样性和机械化作业效果。玉米受光空间由净作的平面受光变成了立体多面受光，行行具有边际优势；大豆受光量显著增大，边际劣势降低；种管收机械化作业，更便于规模化种植，实现玉米不减产、亩多收大豆100～150千克，1亩地产出1.5亩地的粮食，光能利用率和土地产出率国际领先；11年定位试验表明，大豆的固氮作用和年际间的轮作效应使带状种植相对净作玉米更有利于土壤培肥和病虫害降低，农药施用量减少25%以上、根瘤固氮量提高9.24%、作物固碳能力增加18.6%。

8. 大豆玉米带状复合种植技术的政策补贴有哪些？

(1) 种植补贴 对河北、山西、内蒙古、江苏、安徽、山东、河南、湖南、广西、重庆、四川、贵州、云南、陕西、甘肃、宁夏等16个承担推广示范任务的省（自治区、直辖市）实施生产者补贴，中央财政按照150元/亩标准进行补贴，各省（自治区、直辖市）结合实际情况对本地区承担推广示范任务的生产经营主体叠加种植补贴。

(2) 农机购置与应用补贴 农业农村部将推动该技术的专用播种、植保、收获机具纳入农机购置与应用补贴范围。河北、内蒙古将大豆玉米带状复合种植机具补贴比例由30%提高到35%。河北、山东、河南、湖南、广西、重庆、甘肃、宁夏等省（自治区、直辖市）将在农机具购置补贴方面给予重点支持。

(3) 社会化服务 农业农村部将在扶持的社会化服务主体中，遴选一批家庭农场、农民合作社、农业企业等经营主体，承担大豆玉米带状复合种植，指导相关省份将农业生产社会化服务资金优先向项目区倾斜，支持服务组织围绕大豆玉米带状复合种植的整地播种、施肥打药、收割收获等关键环节开展生产托管等社会化服务。

河北、内蒙古、山东、河南、重庆、甘肃、宁夏等省（自治区、直辖市）将在农业社会化服务方面给予重点支持。

（4）金融保险 将大豆玉米带状复合种植纳入保险保障范围，推动大豆纳入完全成本保险和种植收入保险范围。安徽对承担任务的 30 个县，将承担一定比例保费。重庆、甘肃、宁夏将大豆玉米带状复合种植纳入玉米保险范畴并优先予以保障。河北、山东、河南、广西等省份也将在农业保险方面给予政策倾斜。

（5）资金统筹 相关省份统筹整合各方面资金投入，在高标准农田建设、基层农技推广服务体系建设、病虫害防治、绿色高质高效创建、产业集群建设、高素质农民培训、农田宜机化改造、巩固拓展脱贫攻坚成果同乡村振兴有效衔接、产粮产油大县奖励等政策资金方面，对大豆玉米带状复合种植项目给予重点支持。

9. 大豆玉米带状复合种植技术是否纳入国家主推技术？

大豆玉米带状复合种植技术已连续 12 年入选国家和四川省主推技术，2020 年与 2022 年被写入中央 1 号文件，明确要求在黄淮海、西北、西南地区推广大豆玉米带状复合种植。

10. 大豆玉米带状复合种植技术是否制定了国家行业标准或地方标准？

（1）围绕大豆玉米带状复合种植技术已制定农业农村部行业标准 NY/T 2632—2021《玉米-大豆带状复合种植技术规程》。

（2）四川省地方标准 DB51/T 2810—2021《大豆带状复合种植绿色生产技术规程》。

（3）甘肃省地方标准 DB62/T 2889—2018《玉米-大豆带状复合种植技术规程》。

（4）广西壮族自治区地方标准 DB45/T 1209—2015《春玉米与夏大豆套种技术规程》。

（5）宁夏回族自治区地方标准 DB64/T 1621—2019《玉米间作大豆栽培技术规程》。

（6）湖北省恩施土家族苗族自治州地方标准 DB4228/T 48—2020《马铃薯-玉米-大豆复合种植技术规程》。

（7）延安市地方标准 DB612600/T 161—2019《延安市玉米-大豆带状复合种植生产技术规范》。

（8）四川省地方标准 DB51/T 2475—2018《玉米-大豆带状复合种植全程机械化技术规程》。

（9）湖南省农业技术规程 HNZ 225—2019《玉米大豆间套作栽培技术规程》。

11. 大豆玉米带状复合种植技术实现带状种植的田间模式有哪些?

（1）2～3 行大豆与 2 行玉米带状带套作　两作物共生时间少于全生育期的一半，通常先播种玉米，在玉米抽雄吐丝期播种大豆，玉米收获后大豆有相当长的单作生长时间，能充分利用时间和空间。该模式主要分布在西南三熟制地区。

（2）4～6 行大豆与 2 行玉米带状带间作　两作物共生时间大于全生育期的一半，除西南地区大豆较早收获外，其他区域玉米、大豆基本同时播种、同期收获，能集约利用空间，大豆中后期受到与之共生的玉米影响。

12. 选择带状间作或套作的主要依据是什么?

带状间作与带状套作是大豆玉米带状复合种植的两种类型，选择依据是根据当地的多熟种植习惯及气候类型，带状套作主要分布在西南、西北、华南等光热条件较为充足的地方，通过套作实现一年两熟或一年三熟，如西南地区的小麦玉米大豆带状套作一年三熟、西北地区的小麦大豆带状套作一年两熟、华南的春大豆间春玉米套夏大豆等模式。带状间作通常同期播种、同期收获，熟制不增加，在西南、华南、西北及黄淮海地区均有分布。带状套作模式的两个作物产量相对带状间作的产量较高，如西南区的春玉米夏大豆带状套作的作物产量均高于夏玉米夏大豆带状间作的同类作物产量。

13. 带状套作有什么优缺点?

带状套作能集约利用时间和空间,玉米、大豆共生期较短,大豆苗期受玉米的遮阴影响,但玉米收获后,大豆的受光条件大大改善,恢复生长能力强,大豆产量与单作相比差异不大且玉米产量较高,作物产量协同效果较好。套作时玉米、大豆不能同期播种,需增加播种环节的作业成本;另外,大豆苗期受玉米荫蔽影响,易倒伏。

14. 带状间作有什么优缺点?

带状间作能集约利用空间,玉米、大豆同时播种同期收获,可利用玉米大豆一体化播种施肥机,相对单作玉米不额外增加播种环节的作业成本。缺点就是收获时需增加大豆收获成本,大豆生长中后期受玉米遮阴影响易旺长、倒伏,产量一般比套作低;此外,带状间作除草较单作复杂,主要体现在两作物对除草剂选择不同,需要注意苗后定向除草。

15. 大豆玉米带状复合种植技术的资源利用效率如何?

大豆玉米带状复合种植系统中,作物优先在自己的区域吸收水分。玉米带 2 行玉米,行距窄,根系多而集中,对玉米行吸收水分较多;大豆带植株个体偏小,属于直根系,对浅层水分吸收少,对深层水吸收较多。可见,玉米、大豆植株对土壤水分吸收不同是土壤水分分布不均的原因之一。同时,玉米带行距窄导致穿透降雨偏少,而大豆带受高大玉米植株影响小,获得的降雨较多,导致大豆玉米带状复合种植水分分布特点有别于单作玉米和单作大豆。大豆玉米带状复合种植系统在 20～40 厘米土层范围的土壤含水量分布为玉米带<玉豆带间<大豆带,且高于单作。带状复合种植水分利用率高于单作玉米和单作大豆。

品　种　选　择　篇

16. 大豆玉米带状复合种植技术在品种选用中要注意哪些事项？

在大豆、玉米品种选用时必须充分发挥作物品种的自身遗传特性，挖掘品种潜力，减小带状间套作环境变化对产量造成的负面影响。这就要求选配出适合当地带状间套作环境的大豆、玉米专用品种，而不能简单地沿用当地的单作高产品种。一些地方没有进行合理的搭配，而是简单认为只要玉米株型满足紧凑或半紧凑条件，大豆品种就可以随便选用当地品种；有的认为大豆品种耐阴抗倒性强，玉米就可以用株型松散型品种。最终造成虽然玉米产量稳定了，但大豆产量偏低，达不到目标。根据多年多点试验示范结果，玉米需选用株型紧凑、耐密植、抗倒伏的品种，以降低玉米种内竞争，减轻对大豆的荫蔽影响；大豆则宜选配耐阴抗倒性强的优良品种。

17. 大豆玉米带状复合种植技术对玉米品种有何要求？

玉米品种要求株型紧凑、适宜密植和机械化收割，穗上部叶片与主茎的夹角为 21°～23°，棒三叶叶夹角为 26°左右，棒三叶以下叶夹角为 27°～32°；株高 260～280 厘米、穗位高 95～115 厘米；生育期内最大叶面积指数为 4.58～5.99，成熟期叶面积指数维持在 2.91～4.66。

玉米品种怎么选

18. 大豆玉米带状复合种植技术对大豆品种有何要求？

大豆品种怎么选

大豆品种要求耐阴、抗倒、宜机收。带状间作时，大豆成熟期单株有效荚数不低于该品种单作荚数的 50%，单株粒数 50 粒以上，单株粒重 10 克以上，株高范围 70～100 厘米，茎粗范围 5.7～7.8 毫米。带状套作时，大豆成熟期单株有效荚数为该品种单作荚数的 70% 以上、单株粒数为 80 粒以上、单株粒重在 15 克以上且中晚熟。

19. 如果本地区无耐阴抗倒伏大豆品种，大豆玉米带状复合种植技术可采取哪些应对措施？

当本地耐阴品种缺乏或数量不够时，可通过引种措施扩充种源，或者通过农艺措施来调整共生期或塑造株型。引种时需征求地方种子部门意见，引进一些往年做过引种试验、能正常开花结荚的品种。大豆是短日照作物，光照缩短能大大加速花芽分化与花器官的形成。根据成熟期不同，可分为早熟型品种和迟熟型品种，我国北方多为早熟类型，对短日照反应不敏感；南方多为迟熟品种，对短日照反应敏感。南方大豆向北引，由于光照时间延长，开花结实推迟，甚至秋霜前不能成熟；北方大豆向南引，则由于光照缩短，满足了品种对短日照的要求，开花成熟提早，但营养生长较差、产量较低。大豆只有在生育期大体相同，即光照、生态类型相似的地区之间相互引种，或在海拔高度相差不大、温度相近的东西地区间引种，才可能获得成功。南豆北引，应引用春播早熟大豆和饲料大豆；北豆南引，则只能作为春大豆播种，否则栽培价值不大。例如，山东省选育的夏大豆品种齐黄 34 引到四川时只能作春大豆晚播，播期最迟在 5 月 20 日左右，6 月后播种将缩短营养生长期，严重影响产量。

通过农艺措施来调整共生期或塑造株型，一方面可通过大豆适期晚播，缩短与玉米共生时间，减轻玉米对大豆的荫蔽影响，如四川地区选择夏大豆品种，播期可推迟至 6 月下旬或 7 月初；另一方面，适当扩大玉米与大豆带间距（如扩大至 70 厘米），或适当增加大豆株距降低密度，减轻大豆的荫蔽倒伏风险。

20. 大豆在不同区域引种时应注意什么问题？

大豆品种的区域适应性较窄，尽量同纬度、同海拔引种。大豆北种南引，生育期缩短，提前开花，植株矮小，结荚少，种植时需要提高密度；南种北引，生育期变长，甚至不能开花结实，引进品种可作青贮饲料。在正式引种前，最好提前做引种试验。从平原向山区引种时，早熟品种比较适宜；干旱少雨地区宜引种耐旱的中小粒品种，雨水充足地区则宜引种大粒型品种；迟播时宜引种小粒种，因小粒种生育期短，开花虽迟，但成熟不晚，能在秋霜来临前成熟，耐迟播。

21. 河北省适合大豆玉米带状复合种植技术的玉米、大豆品种有哪些？

玉米品种可选用农大 372、伟科 702、纪元 128、先玉 335、冀农 707、郑单 958 等，大豆品种可选用冀豆 12、邯豆 13、石 936、沧豆 13、齐黄 34、中黄 78 等。

22. 山西省适合大豆玉米带状复合种植技术的玉米、大豆品种有哪些？

玉米品种北部春播早熟区可选用君实 618、瑞普 686、瑞丰 168 等，中部中晚熟区可选用大丰 26、强盛 199、龙生 19、潞玉 1525、荃科 666、九圣禾 257、华美 368 等，南部春播区可选用东单 1331、陕科 6 号、德力 666、太玉 369、大槐 99、太育 9 号等，南部复播区可选用伟育 178、东单 1331、九圣禾 2468、创玉 120、豫丰 98、九圣禾 616、中科玉 505、豫单 9953 等；大豆品种北部春播早熟区可选用金豆一号、晋豆 15 等，中部中晚熟区可选用强峰 1 号、晋豆 25、汾豆 98、东豆 1 号、中黄 13、晋科 5 号、品豆

24 等，南部春播区可选用强峰一号、晋豆 19、汾豆 97、品豆 20、齐黄 34 等，南部复播区可选用晋豆 25、汾豆 98、中黄 13、品豆 24 等。

23. 内蒙古自治区适合大豆玉米带状复合种植技术的玉米、大豆品种有哪些？

玉米品种可选用 A6565、迪卡 159、金博士 806、MY73、天育 108、连达 F085、TK601、豫单 9953、登海 618、禾众玉 11、先玉 1225、先玉 1611、西蒙 3358、甘优 661 等，大豆品种可选用蒙豆 1137、登科 5 号、华疆 2 号、蒙豆 13、蒙豆 33、黑科 60、开育 12、长农 26、赤豆 5 号、中黄 30、中黄 35、吉育 86、吉育 47、吉育 206、黑农 84、黑农 82、黑农 65、合农 71、合农 85、合农 114、绥农 52 等。

24. 江苏省适合大豆玉米带状复合种植技术的玉米、大豆品种有哪些？

玉米品种可选用江玉 877、明天 695、迁玉 180、苏科玉 076、苏玉 34、农单 117、黄金 MY73 等，大豆品种可选用齐黄 34、郑 1307、泗豆 195、徐豆 18、苏豆 26、苏豆 21 等。

25. 安徽省适合大豆玉米带状复合种植技术的玉米、大豆品种有哪些？

玉米品种 6：4 模式可选用中农大 678、MY73、浚单 658、安农 218、鲁研 106、MC121、豫单 739、陕科 6 号，4：2 模式可选用安农 591、迪卡 653、陕科 6 号、中玉 303、庐玉 9105、丰大 611、宿单 608 等；大豆品种 6：4 模式可选用洛豆 1 号、金豆 99、皖豆 37、皖黄 506、皖宿 061、中黄 301、涡豆 8 号、宿豆 219、阜豆 15、临豆 10 号、齐黄 34 等，4：2 模式可选用洛豆 1 号、金豆 99、皖豆 37、皖黄 506、皖宿 061、中黄 301、涡豆 8 号、宿豆 219、阜豆 15、临豆 10 号、齐黄 34 等。

26. 山东省适合大豆玉米带状复合种植技术的玉米、大豆品种有哪些?

玉米品种可选用登海 605、登海 685、郑单 958、农大 372、豫单 9953、纪元 128 等,大豆品种可选用齐黄 34、菏豆 33、圣豆 127、潍豆 20、徐豆 18、郑 1307 等。

27. 河南省适合大豆玉米带状复合种植技术的玉米、大豆品种有哪些?

玉米品种可选用郑单 958、豫单 9953、德单 5 号、MY73、登海 618、迪卡 653、丰德存玉 10 号、豪玉 16、良玉 99、MC121 等,大豆品种可选用齐黄 34、中黄 301、郑 1307、周豆 25、郓豆 1 号、濮豆 857、徐豆 18、圣豆 5 号、临豆 10 号、邯豆 13 等。

28. 湖南省适合大豆玉米带状复合种植技术的玉米、大豆品种有哪些?

玉米品种可选用同玉 18、登海 605、湘荟玉 1 号、洛玉 1 号、湘农玉 36 等,春大豆品种可选用湘春 2704、湘春 2701、油春 1204、湘春豆 V8 等,夏大豆品种可选用南农 99-6、桂夏 7 号等。

29. 广西壮族自治区适合大豆玉米带状复合种植技术的玉米、大豆品种有哪些?

玉米品种可选用青青 700、青青 500、宜单 629、万千 968、荣玉 1210 等,大豆品种可选用桂春 15、华春 8 号、桂夏 7 号、桂夏 3 号等。

30. 重庆市适合大豆玉米带状复合种植技术的玉米、大豆品种有哪些?

玉米品种可选用三峡玉 23、成单 30、西大 889、康农玉 868 等,春大豆品种可选用渝豆 11、油春 1204、油 6019、南豆 23、中豆 46、渝豆 1 号、鄂豆 10 号等，夏大豆品种可选用南夏豆 25、南豆 12 等。

31. 四川省适合大豆玉米带状复合种植技术的玉米、大豆品种有哪些？

玉米品种可选正红 6 号、仲玉 3 号、荃玉 9 号、成单 30 等，夏大豆品种可选贡选 1 号、南豆 12、南豆 25、南豆 38、贡秋豆 8 号、贡秋豆 5 号、川农夏豆 3 号等，春大豆可选川豆 16、齐黄 34 等。

32. 贵州省适合大豆玉米带状复合种植技术的玉米、大豆品种有哪些？

玉米品种可选用金玉 932、金玉 579、金玉 908、贵卓玉 9 号、真玉 1617、金玉 150、卓玉 183、真玉 8 号、好玉 4 号、佳玉 101、迪卡 011、万川 1306、隆瑞 999 等，大豆品种可选用黔豆 10 号、黔豆 12、黔豆 7 号、黔豆 11、黔豆 14、安豆 5 号、安豆 10 号、油春 1204、齐黄 34 等。

33. 云南省适合大豆玉米带状复合种植技术的玉米、大豆品种有哪些？

玉米品种可选用靖单 15、胜玉 6 号、宣宏 8 号、川单 99、华兴单 88、云瑞 47、云瑞 408、云瑞 999、宣瑞 10 号、正大 811、五谷 1790、五谷 3861、珍甜 8 号等，大豆品种可选用滇豆 7 号、云黄 12、云黄 13、云黄 15、云黄 16、云黄 17、齐黄 34 等。

34. 陕西省适合大豆玉米带状复合种植技术的玉米、大豆品种有哪些？

玉米品种陕北、渭北地区可选用陕单 650、延科 288 等，陕南地区可选用延科 288、五单 2 号等。大豆品种陕北地区主推齐黄 34，搭配中黄 318、中黄 13、邯豆 14；渭北地区主推齐黄 34，搭配中黄 318、中黄 13、秦豆 2018；陕南地区春播品种主推齐黄 34，搭配中黄 13；陕南地区夏播品种主推金豆 228，搭配秦豆 2018 和本地农家种。

35. 甘肃省适合大豆玉米带状复合种植技术的玉米、大豆品种有哪些?

玉米品种河西沿黄灌溉区可选用先玉 1225、垦玉 50、盛玉 168、五谷 631、甘优 638 等，中东部旱作区可选用中地 9988、玉米 7879、金凯 3 号、金穗 1915、酒玉 505、铁 391、垦玉 6189、纵横 836 等，陇南夏播区可选用垦玉 90、航天 558、玉龙 7899、优迪 519 等；大豆品种河西沿黄灌溉区可选用铁豆 82、铁豆 62、中黄 30、冀豆 17、陇黄 3 号、陇黄 2 号、陇中黄 602、丰豆 8 号、银豆 4 号等，中东部旱作区可选用冀豆 17、陇黄 3 号、齐黄 34、中黄 35、陇中黄 602、陇中黄 603、东豆 100、东豆 339、汾豆 78 等，陇南夏播区可选用陇中黄 603、临豆 10 号、郑 1307、陇中黄 602、陇黄 3 号、菏豆 12 等。

36. 宁夏回族自治区适合大豆玉米带状复合种植技术的玉米、大豆品种有哪些?

玉米品种引扬黄灌区可选用先玉 1225、先玉 698、东农 258、宁单 40、宁单 33 等紧凑、耐密、抗倒中晚熟品种，宁南山区可选用西蒙 6 号、昊玉 22、大丰 30 等耐旱、紧凑、中早熟品种；大豆品种引扬黄灌区可选用宁豆 6 号、宁豆 7 号、宁京豆 7 号、中黄 318、铁丰 31、辽豆 15、冀豆 12 等，宁南山区中有效积温相对较高地区可选用中黄 30、绥农 26、合农 114、黑农 52 等中早熟品种，海拔高度相对较高地区可选用垦豆 62、垦豆 95、垦科豆 28、东生 2 号、蒙豆 640 等早熟和极早熟品种。

栽 培 管 理 篇

37. 大豆玉米带状复合种植技术在田间配置及密度设置中要注意哪些事项？

大豆玉米巧搭配

（1）田间配置不合理 生产单元宽度过宽或过窄导致间套共生作物的边际优势丧失、种间竞争过大，导致产量损失，如玉米带间距过小有利于玉米高产但不利于大豆高产，玉米带间距过大虽有利于大豆高产但不利于玉米高产。行比、带间距不适合：根据核心技术要求，玉米大豆适宜行比为 2∶2～6，适宜带间距为 60～70 厘米，但实际生产中一些地方往往根据传统耕作习惯或播种机整机宽度来调整行比和带间距，以方便农机手操作提高作业效率，产生玉米带过宽、带间距过窄和带间距过宽、大豆带过宽等问题，容易导致两种作物种间竞争加剧，达不到资源高效利用和土地高产出的目的。

（2）密度不足 增密是目前大豆、玉米等作物增产的关键技术手段，大豆玉米带状复合种植在作物计产行距增大的同时，利用缩株保密技术，有效确保了玉米密度与单作密度相当。在未应用该技术前，人们的传统认识都是"玉米株距太小、密度太高，种出来不是倒伏就是果穗小，产量肯定上不去"。受传统替代式间套作惯性思维影响，一些试验示范区作物占地面积内的株行距与单作基本一致，致使生产单元内的实际密度仅有单作的一半或成比例减少。

（3）机具选用不当或播种不规范造成缺苗断垄，难以达到高产目标下的密度设计要求　有的沿用当地单作播种机播种玉米，株距偏大（16 厘米以上），无法达到技术要求的小株距（8～14 厘米），导致密度下降 1 000～2 000 株/亩；有的按照当地大水漫灌设置播种畦宽，与生产单元宽度不匹配，大豆、玉米行距过大，密度大幅度下降；有的播种机质量不高，仿形效果差，播种深浅不一致，大豆出苗差；有的播种质量不高，农机手播种速度过快，造成漏播缺苗；有的麦茬地秸秆量过多，造成播种机堵塞，轮子打滑不下种。

38. 大豆玉米带状复合种植技术如何选择行比和行距?

行比和行距配合，决定着两个作物各自的带宽，关系着玉米、大豆和谐生长、产量高低和品质好坏。两个作物的行数要根据高位作物的边际效应和低位作物的受光状况来确定。高位作物玉米表现为边际优势，为了保证每一株玉米都能获得边际优势，玉米带种 2 行最佳，也可根据农机匹配情况种 3 行或 4 行玉米，但应降低中间行的密度或扩大中间行距。大豆为低位作物，受高位作物荫蔽，受光条件好坏决定了大豆产量高低，为了减小玉米对大豆的荫蔽影响，可适当增加大豆行数，适宜行数范围为 2～6 行，根据各生态区气候条件、带状复合种植类型、机具大小确定具体行数。此外，可缩小玉米带行距，高秆作物玉米行距 40～60 厘米的产量差异不显著，为减少对大豆遮阴，可选择玉米行距下限值 40 厘米，矮秆作物大豆行距适度小于单作行距，一般以 25～40 厘米为宜。

39. 大豆玉米带状复合种植技术如何确定不同区域生产单元宽度、行距与带间距配置?

在 2.0～3.0 米生产单元里按玉米、大豆 2∶2～6 行比配置，玉米 2 行可保证行行具有边际优势，确保玉米产量，也可因地制宜采取 3～4 行玉米。扩间距是本技术的核心之一，各生态区玉米和大豆间距都应扩至 60～70 厘米，以协调地上地下竞争与互补关系。

高位作物玉米的行距均保持在 40 厘米为宜，大于 40 厘米使密度减小且对大豆生长不利。大豆的行距以 25～40 厘米为宜。各生态区、不同模式类型在选择适宜的田间配置参数时仅对玉米带之间的距离即大豆带行数和行距进行调整。根据各区域多年多点试验示范结果，春玉米夏大豆带状套作区，玉米带之间的距离缩至 1.8～2.2 米，此距离内种 3 行大豆；夏玉米夏大豆带状间作区，适宜玉米带之间的距离可扩至 2.1～2.4 米，此距离内种 4 行大豆；春玉米春大豆带状间作区，玉米带之间的距离为 1.8～2.9 米，此距离内种 2～6 行大豆；青贮玉米大豆带状复合种植在适宜的玉米带间距下可适当缩小，而鲜食可适当扩大。

40. 大豆玉米带状复合种植技术如何确定种植密度？

提高种植密度，保证与当地单作相当是带状复合种植增产的又一中心环节。确定密度的原则是高位主体、高低协同，高位作物玉米的密度与当地单作相当，低位作物大豆密度根据两作物共生期长短不同，保持单作的 70％以上。带状套作共生期短，大豆的密度可保持与当地单作相当，共生期超过 2 个月，大豆密度适度降至单作大豆的 80％左右。带状间作共生期长，大豆为 2～3 行时，密度可进一步缩至当地单作的 70％；4～6 行时，密度应为单作的 85％左右。同时，大豆玉米带状复合种植两作物各自适宜密度也受到气候条件、土壤肥力水平、播种时间、品种特性等因素的影响，若光照条件好、玉米株型紧凑、大豆分枝少、肥力条件好，大豆玉米的密度可适当增加，反之，需要适当降低密度。

41. 大豆玉米带状复合种植技术在各区域适宜的播种密度是多少？

西南地区，玉米穴距 11～15 厘米（单粒）或 22～30 厘米（双粒），播种密度 4 000 粒/亩左右；大豆穴距 9～11 厘米（单粒）或 18～22 厘米（双粒），播种密度 9 000 粒/亩左右。黄淮海地区，玉米穴距 10 厘米左右（单粒）或 20 厘米左右（双粒），播种密度

4 500 粒/亩左右；大豆穴距 8～10 厘米（单粒）或 16～20 厘米
（双粒），播种密度 10 000 粒/亩左右。西北和东北地区，玉米穴距
8～10 厘米（单粒）或 16～20 厘米（双粒），播种密度 4 000～
6 000 粒/亩；大豆穴距 8～10 厘米（单粒）或 16～20 厘米（双
粒），密度 12 000 粒/亩左右。

42. 大豆玉米带状复合种植技术如何确定播种日期?

（1）**茬口衔接**　西南、黄淮海多熟制地区播
种时间既要考虑玉米、大豆当季作物的生长需要，
还要考虑小麦、油菜等下茬作物的适宜播期，做
到茬口顺利衔接和周年高产。

造墒播种有方法

（2）**以调避旱**　西南、黄淮海夏大豆易出现
季节性干旱，为使大豆播种出苗期有效避开持续夏旱影响，可在有
效弹性播期内适当延迟播期，并通过增密措施确保高产。

（3）**迟播增温**　在西北、东北等一熟制地区，带状间作玉米、
大豆不覆膜时，需要在有效播期范围内根据土壤温度上升情况适当
延迟播期，以确保玉米、大豆出苗后不受冻害。

（4）**以豆定播**　针对西北、东北等低温地区，播种期需视土壤
温度而定，通常 5～10 厘米表层土壤温度稳定在 10℃以上、气温
稳定在 12℃以上时是玉米播种的适宜期，而大豆发芽的适宜表土
温度为 12～14℃，稍高于玉米。因此，西北、东北带状间作模式
的播期确定应参照当地大豆最适播种时间。

（5）**适墒播种**　在土壤温度满足的前提下，还应根据土壤墒情
适时播种。玉米、大豆播种时适宜土壤湿度应达到田间持水量的
60％～70％，即手握耕层土壤可成团，自然落地即松散。土壤湿度
过高与过低均不利于出苗，黄淮海地区要在小麦收获后及时抢墒播
种；如果土壤墒情不足，则需造墒播种，西北、东北可提前浇灌，
再等墒播种。此外，大豆播种后遭遇大雨极易导致土壤板结，子叶
顶土困难，西南、黄淮海夏大豆区应在有效播期内根据当地气象预
报适时播种，避开大雨危害。

43. 大豆玉米带状复合种植技术在黄淮海地区大豆、玉米板茬播种前是否需要灭茬?

田间秸秆要处理

黄淮海地区麦后大豆玉米带状间作多采用麦茬免耕直播方式,要求前作小麦留茬尽可能短,且秸秆均匀喷撒于田间。若小麦收获机无秸秆粉碎、均匀还田的功能或功能不完善,小麦收后达不到播种要求,需要进行一系列整理工作,保证播种质量和玉米、大豆正常出苗。整理分为三种情况:①前作秸秆量大,全田覆盖达 3 厘米以上,留茬高度超过 15 厘米,秸秆长度超过 10 厘米,先用打捆机将秸秆打捆移出,再用灭茬机进行灭茬;②秸秆还田量不大,留茬高度超过 15 厘米,秸秆呈不均匀分布,需用灭茬机进行灭茬;③留茬高度低于 15 厘米,秸秆分布不均匀,需用机械或人工将秸秆抛撒均匀即可。整理后的标准为秸秆粉碎长度在 10 厘米以下,分布均匀。

44. 大豆种子如何进行包衣或拌种处理?

种子为啥要包衣

种子包衣有讲究

药剂拌种时,选择大豆专用种衣剂,如 6.25％咯菌腈·精甲霜灵悬浮种衣剂＋噻虫嗪。根据药剂使用说明确定使用量*,药剂不宜加水稀释,使用拌种机或人工方式进行拌种。种衣剂拌种时也可根据当地微量元素缺失情况,协同微肥拌种,每千克大豆种子用硫酸锌 4～6 克、硼砂 2～3 克、硫酸锰 4～8 克,加少许水(硫酸锰可用温水溶解)将其溶解,用喷雾器将溶液喷洒在种子上,边喷边搅拌,拌好后将种子置于阴凉干燥处,晾干后播种。

---

* 书中农药、化肥施用浓度和用量以所购产品使用说明书为准,或咨询当地农技部门,下同。——编者注

采用根瘤菌拌种时，液体菌剂可以直接拌种，每千克种子一般加入菌剂量 5 毫升左右；粉状菌剂根据使用说明加水调成糊状，用水量不宜过大，应在阴凉地方拌种，避免阳光直射杀死根瘤菌。拌好的种子应放在阴凉处晾干，待种子表皮晾干后方可播种，拌好的种子放置时间不要超过 24 小时。注意根瘤菌拌种后，不可再拌杀菌剂和杀虫剂。

45. 各区域如何确定适宜的大豆、玉米播期？

（1）西南地区 大豆玉米带状套作区域，玉米在当地适宜播期的基础上结合覆膜技术适时早播，争取早收，以缩短大豆、玉米共生时间，减轻玉米对大豆的荫蔽影响，最适播种期为 3 月下旬至 4 月上旬；大豆以播种出苗避开夏旱为宜，可适时晚播，最适播种期为 6 月上中旬。大豆玉米带状间作区域，则根据当地春播和夏播的常年播种时间来确定，春播时玉米在 4 月上中旬播种、大豆同时播或稍晚，夏播时玉米在 5 月中下旬播种、大豆同时播或稍晚。

（2）西北和东北地区 根据大豆播期来确定大豆玉米带状间作的适宜播期，在 5 厘米地温稳定在 10～12℃（东北地区为 7～8℃）时开始播种，播期为 4 月下旬至 5 月上旬。大豆早熟品种可稍晚播，晚熟品种宜早播；土壤墒情好可晚播，墒情差应抢墒播种。

（3）黄淮海地区 在小麦收获后及时抢墒或造墒播种，有滴灌或喷灌的地方可适时早播，以提高夏大豆脂肪含量和产量。黄淮海地区的适宜播期在 6 月中下旬。

46. 大豆玉米带状复合种植技术与传统单作玉米或大豆的施肥方式有何区别？

相对于传统单作玉米或大豆，大豆玉米带状复合种植施肥上要坚持"减量、协同、高效、环保"总方针。减量体现在根据大豆的根瘤固氮和养分补偿效应来减少大豆玉米复合系统的氮肥总用量，但需保证磷、钾肥用量；保证玉米用氮量与净作玉米

肥料施用有讲究

相当，而大豆则少用氮肥或不施氮肥。协同则要求肥料施用过程中将玉米、大豆统筹考虑，相对于单作而言，不单独增加施肥作业环节和工作量，利用大豆玉米一体化施肥播种机实现一体化作业，对于带状间作，还要注意利用一体化施肥播种机达到大豆、玉米分调分控，分别按照间作系统下大豆、玉米的用肥要求进行用量调节。高效、环保要求肥料产品及施肥工具必须确保高效利用，降低氮、磷损失。

47. 大豆玉米带状复合种植技术对大豆固氮有何影响？

大豆玉米带状复合种植通过田间配置参数优化，不仅改善了地上部受光条件、增加光合产物，还为地下部生长提供更多的蔗糖，使大豆根系分泌更多的类黄酮、茉莉酸等物质及根瘤菌，有助于促进根瘤形成和增强根瘤抗氧化作用，提高根瘤固氮能力。一方面，带状套作相对单作可增加大豆黄素、槲皮素、柚皮素、染料木素、香豆雌酚和异甘草素的分泌量，使得大豆根瘤持续形成，在共生期的单株根瘤数量与重量虽低于单作，但进入开花期后，带状套作的根瘤快速形成与生长，R5（鼓粒）期的根瘤干重与固氮潜力较单作提高 34.2％和 12.5％；另一方面，受共生玉米根系竞争吸收 $NO_3^- \text{-} N$ 及年际带间轮作的影响，大豆土壤总氮含量较单作与单行套作降低 13.8％和 10.0％，为根瘤固氮创造了有利条件，固氮量占植株氮素吸收量的比例达到了 63.64％，固氮比例与固氮量较单作大豆分别提高 23.84％和 9.42％。

48. 大豆玉米带状复合种植技术对大豆、玉米施肥是否有特殊要求？

根据大豆玉米带状复合种植的作物需肥特点及共生特性，施肥时应遵守"一施两用、前施后用、生（生物肥）化（化肥）结合"的原则。

（1）一施两用　在满足主要作物玉米需肥时兼顾大豆氮、磷、钾需要，实现一次施肥，玉米、大豆共同享用。

（2）前施后用　为减少施肥次数，有条件的地方尽量选用缓释肥或控释肥，实现底（种）追合一，前施后用；多熟制地区还要注意前茬作物土壤残留养分的再利用，如前茬小麦残留的氮素被当季大豆利用，可视残留量而少施氮肥或不施氮肥。

（3）生（生物肥）化（化肥）结合 大豆玉米带状复合种植的优势之一就是利用根瘤固氮。大豆结瘤过程中需要一定数量的"起爆氮"，但土壤氮素过高又会抑制结瘤。因此，施肥时既要根据玉米需氮量施足化肥，又要根据当地土壤根瘤菌存活情况对大豆进行根瘤菌接种，或施用生物（菌）肥，以增强大豆的结瘤固氮能力。

49. 如何确保小株距高密度下的玉米施肥量？

带状复合种植下的玉米施肥量应保证单株施用量与单作玉米相同，施用等氮量的玉米专用控释复合肥，一次性作种肥在玉米行间施用，后期视长势补施或叶面追施少量氮、磷、钾和微肥。如按每亩播 5 000 粒计算，每亩用纯氮 20 千克作种肥，单株需施纯氮 4克，单株应施含氮 28% 复合肥 14.3 克，每行走 1 米（10 株）需下肥 143 克，而单作玉米 1 米只有 5 株则只需下肥 71.5 克。

50. 大豆玉米带状复合种植技术在西北地区膜下滴灌水肥一体化时如何实现大豆、玉米水肥分控？

膜下滴灌是西北地区水肥一体化的主要方式，由于玉米与大豆对水肥要求不一致，在安装滴灌带时，需铺设两条主管道，一条供玉米、一条供大豆，或者将每条滴灌带与主管道连接处安装控制开关，便于后期通过滴灌带给不同作物追施肥料。如给玉米追施氮肥时，必须关上大豆滴灌带的开关；给大豆施肥时，必须关上玉米滴灌带的开关。

51. 大豆玉米带状复合种植技术如何解决黄淮海部分地区大豆、玉米播期不同步问题？

在河南、山东等黄淮海部分地区存在大豆晚播现象，导致大豆、玉米播期不一致，为作物浇水和封闭除草带来困难。为解决此问题，一方面可以从品种选择上着手，利用生育期较短、可晚播的玉米品种，参照大豆播期在6月中下旬利用一体机同时播种，播种时需适当加大玉米播种密度，以弥补晚播带来的个体产量损失，此种方式下按正常封闭除草进行；另一方面，则在6月上中旬适时抢墒早播玉米，播种后及时全田封闭除草，或在1～2日内先浇水后全田封闭除草，待玉米出苗后的6月下旬视田间土壤湿度播种大豆，待大豆长到1～2片复叶时进行大豆、玉米定向分带除草，确保杂草防除安全。

52. 西北带状间作模式如何确定大豆、玉米的施肥量和施肥时期？

西北大豆玉米带状间作地区可采用一次性施肥方式，在播种时以种肥形式全部施入。肥料以大豆、玉米专用缓释肥或复合肥为主，如大豆专用复合肥（如 $N-P_2O_5-K_2O=14-15-14$），每亩15～25千克；玉米专用复合肥或控释肥（如 $N-P_2O_5-K_2O=28-8-6$），每亩50～80千克。

不能施加缓（控）释肥的地区，也可采用底肥、种肥与追肥三段式施肥方式。底肥以低氮量复合肥与有机肥结合，每亩纯氮不超过4千克，磷、钾肥用量可根据当地单作大豆、玉米施用量确定，可采用带状复合种植专用底肥：$N-P_2O_5-K_2O=14-15-14$，每亩撒施25千克（折合纯氮3.5千克/亩）；有机肥可施用当地较多的牲畜粪尿300～400千克/亩，结合整地深翻入土中，有条件的地方可添加生物有机肥25～50千克/亩。种肥仅针对玉米施用，每亩施氮量10～14千克，选用带状间作玉米专用种肥：$N-P_2O_5-K_2O=28-8-6$，每亩40～50千克，利用大豆玉米带状间作播种施肥机同步完成播种施肥作业。追肥通常在基肥与种肥不足时进行，可在玉米大喇叭口期对长势较弱的地块利用简易式追肥器在玉米两侧（15～25厘米）每亩追施尿素10～15千克（具体用氮量可根据总需氮量和已施氮量计算），切忌在灌溉地区将肥料混入灌溉水中对田块进行漫灌，否则造成大豆因吸收过多氮肥而疯长，花荚大量脱落，植株严重倒伏，产量严重下降。

53. 西南带状套作模式如何确定大豆、玉米的施肥量和施肥时期?

西南大豆玉米带状套作区,通常采用种肥与追肥两段式施肥方式,即玉米播种时每亩施 25 千克玉米专用复合肥($N-P_2O_5-K_2O=28-8-6$),利用玉米播种施肥机同步完成播种施肥作业;玉米大喇叭口期将玉米追肥和大豆底肥结合施用,每亩施纯氮 7~9 千克、五氧化二磷 3~5 千克、氧化钾 3~5 千克,肥料选用氮、磷、钾含量与此配比相当的颗粒复合肥,如 $N-P_2O_5-K_2O=14-15-14$,每亩施用 45 千克,在玉米带内侧 15~25 厘米处开沟施入,或利用 2BYSF-3 型大豆施肥播种机同步完成播种施肥作业。

54. 西南带状间作模式如何确定大豆、玉米的施肥量和施肥时期?

西南带状间作区可根据当地整地习惯选择不同施肥方式。一种是"底肥+种肥",适合需要整地的春玉米带状间作春大豆模式,底肥采用全田撒施低氮复合肥(如 $N-P_2O_5-K_2O=14-15-14$),用氮量以大豆需氮量为上限(每亩不超过 4 千克纯氮);播种时,利用播种施肥机对玉米添加种肥,玉米种肥以缓释肥为主,施肥量参照当地单作玉米单株用肥量,大豆不添加种肥。另一种是"种肥+追肥",适合不整地的夏玉米带状间作夏大豆,播种时,利用大豆玉米带状间作播种施肥机分别施肥,大豆施用低氮量复合肥,玉米按当地单作玉米总需氮量的一半(每亩 6~9 千克纯氮)施加玉米专用复合肥;待玉米大喇叭口期时,追施尿素或玉米专用复合肥(每亩 6~9 千克纯氮)。

55. 黄淮海带状间作模式如何确定大豆、玉米的施肥量和施肥时期?

黄淮海大豆玉米带状间作地区可采用一次性施肥方式,在播种时以种肥形式全部施入,肥料以大豆、玉米专用缓释肥或复合肥为主，如大豆用低氮缓（控）释肥（如 $N\text{-}P_2O_5\text{-}K_2O=14\text{-}15\text{-}14$）每亩 15～25 千克，玉米用高氮缓（控）释肥（如 $N\text{-}P_2O_5\text{-}K_2O=28\text{-}8\text{-}6$）每亩 50～80 千克，利用 2BYSF-5（6）型大豆玉米间作播种施肥机一次性完成播种施肥作业，玉米施肥器位于玉米带两侧 15～20 厘米开沟，大豆施肥器则在大豆带内行间开沟。

56. 大豆玉米带状复合种植技术在漫灌时应注意哪些事项？

漫灌是一种比较粗放的灌水方式，操作简单，劳动力和设备投入少。但漫灌需水量大，水的利用率很低，对土地冲击大，容易造成土壤和肥料的流失。受多种因素影响，在生产实践中，西北及黄淮海地区采用漫灌方式较普遍，如西北地区的包头市每年会引用黄河水漫灌地块两次，第一次是在 4 月上旬，播种前引用黄河水漫灌地块，待土壤墒情适宜后开始播种；第二次是在 7 月上旬，正值玉米大喇叭口期和大豆分枝初花期，此时漫灌可以同时满足玉米、大豆对水分的大量需求。黄淮海地区，在墒情较差的地块，一般会在播种前进行漫灌造墒，待墒情适宜再进行播种，后期一般不需要漫灌。在多次漫灌区域应用大豆玉米带状复合种植技术时，播种时需将大豆、玉米一生所需肥料作为种肥分别一次性施用，不能随灌水追施氮肥，以免大豆旺长不结荚。华北平原一些地方有大豆播种后浇蒙头水以促使大豆出苗的习惯，此时漫灌应注意水量，灌水过多易造成表层板结，影响大豆发芽顶土。

57. 大豆玉米带状复合种植技术在喷灌时应注意哪些事项？

喷灌按管道的可移动性分为固定式、移动式和半移动式 3 种，黄淮海、西北地区应用较多。安装固定式喷灌的地块，尽量让喷灌装置位于大豆行间，避免后期喷灌受玉米株高的影响。对于移动式、半移动式喷灌，使用方式与单作大田方式相同。针对墒情不好的地块，播种时应先喷灌造墒，墒情合适再进行播种。如播种前来不及喷灌，播后喷灌要做到强度适中、水滴雾化、均匀喷洒。喷灌水量满足出苗用水即可，过量喷灌会造成土表板结，影响出苗，尤其是大豆顶土能力弱，土表板结严重会导致出苗率大幅度降低。微喷技术在黄淮海地区使用较多。对于大豆玉米带状复合种植技术，一般选择直径 4～5 厘米的微喷灌，播种后及时安装于大豆、玉米行间。每隔 2～2.5 米安装一条微喷管即可。

58. 如何提高大豆、玉米的出苗率？

记得给大豆做
发芽率试验

一是选用当地农技部门推荐的优良品种，在播种前做发芽实验，明确种子的发芽率，根据发芽率调整株穴距和用种量，确保出苗率和种植密度；二是根据土壤条件确定合理播种深度，通常玉米 3～5 厘米、大豆 2～3 厘米，如果土壤湿度大、土质黏重应适当浅播，如果土壤干旱、土质疏松则应适当深播，这样有利于出苗；三是根据土壤墒情造墒播种或播种后及时喷灌，确保水分适宜，有利于提高大豆、玉米的出苗率。

59. 如何判别大豆旺长？

在大豆生长过程中，如肥水条件较充足，特别是氮素营养过多，或密度过大、温度过高、光照不足，往往会造成地上部植株营养器官过度生长、枝叶繁茂、植株贪青、落花落荚、瘪荚多、产量和品质严重下降。大豆旺长大多发生在开花结荚阶段，密度越大，叶片之间重叠性就越高，单位叶片所接收到的光照越少，导致光合速率下降、光合产物不足而减产。大豆旺长的鉴定指标及方法有：从植株形态结构看，主茎过高，枝叶繁茂，通风透光性差，叶片封行，田间郁蔽；从叶片看，上层叶片肥厚，颜色浓绿，叶片大小接近成人手掌，下部叶片泛黄开始脱落；从花序看，除主茎上部有少量花序或结荚外，主茎下部及分枝的花序或结荚较少、易脱落，有少量营养株（无花无荚）。

60. 大豆倒伏的田间表现有哪些?

大豆玉米带状复合种植时,大豆会在不同生长时期受到玉米的荫蔽,从而影响其形态建成和产量。带状套作大豆苗期受到玉米遮阴,导致大豆节间过度伸长、株高增加,严重时主茎出现藤蔓化;茎秆变细,木质素含量下降,强度降低,极易发生倒伏。苗期发生倒伏的大豆容易感染病虫害,死苗率高,导致基本苗严重不足,后期机械化收获困难,损失率极高。带状间作自播种后 40～50 天开始,玉米对大豆构成遮阴,直至收获。在此期间,间作大豆能接收的光照只有单作的 40% 左右,荫蔽会使大豆株高增加、茎秆强度降低,结荚鼓粒阶段容易发生倒伏,荚数减少、百粒重降低,且不宜机收、损失率高。

61. 大豆如何进行化学控旺?

及时化控防倒伏

在大豆分枝期或初花期,每亩用 5% 的烯效唑可湿性粉剂 25～50 克或 15% 的多效唑粉剂 50～70 克,兑水 30～40 千克喷雾使用,带状套作玉米荫蔽较重地块可提前至大豆 V2 至 V3(3 个小叶)期先喷施一次。喷药时间选择在晴天的下午,均匀喷施上部叶片即可,对生长较弱的植株、矮株不喷。

62. 大豆中后期如何实现保花促荚增产?

在大豆初花期(R1)与鼓粒初期(R5),结合病虫统防统治及调节剂处理喷施叶面肥,如每亩用 90% 的磷酸二氢钾 50 克＋稀施美(含氨基酸水溶肥料)50 毫升,或者用 0.1%～0.3% 的硫酸锌、硼砂、硫酸锰和硫酸亚铁混合溶液,每亩施用肥液 40～50 千克。此外,针对大豆苗期受玉米荫蔽影响、植株细小、花荚较少等问题,可在大豆初花期或结荚期喷施胺鲜酯,以促进叶片细胞的分裂、伸长和光合速率,调节植株体内碳氮平衡,提高大豆开花数和结荚数,通常用浓度为 60 毫克/升的 98% 的胺鲜酯可湿性粉剂,每亩喷施药液 30～40 千克，不要在高温烈日下喷洒，下午 4 时后喷药效果较好。喷后 6 小时若遇雨应减半补喷。胺鲜酯遇碱易分解，不宜与碱性农药混用。

63. 如何减少玉米对大豆的遮阴影响？

大豆为低位作物，受高位作物荫蔽，受光条件好坏决定了大豆产量高低。为了减小玉米对大豆的荫蔽影响，可采取三种措施：一是适度增加大豆行数，根据各生态区气候条件、带状复合种植类型、机具大小选择大豆适宜行数，最多不超过 6 行；二是缩小玉米带行距，高秆作物玉米行距 40～60 厘米的产量差异不显著，为减少对大豆遮阴，选择玉米行距下限值 40 厘米为宜，矮秆作物大豆行距适当小于单作行距，一般以 25～40 厘米为宜；三是可通过玉米喷施胺鲜酯或乙烯利化学调节剂，以降低玉米株高，减轻玉米对大豆的遮阴。

64. 玉米如何化控降高增产？

目前生产中应用于玉米降高增产的生长调节剂主要为玉米健壮素、金得乐和玉黄金。玉米健壮素主要成分为 2-氯乙基磷酸，一般可降低株高 20～30 厘米，降低穗位高 15 厘米，并促进根系生长，从而增强植株的抗倒能力；通常在 7～10 片展开叶用药最为适宜，每亩用 1 支药剂（30 毫升）兑水 20 千克，均匀喷于上部叶片即可，不必上下左右都喷，对生长较弱的植株、矮株不能喷；药液要现配现用，选晴天喷施，喷后 4 小时遇雨要重喷，重喷时药量减半，如遇刮风天气，应顺风施药，并戴上口罩；健壮素不能与其他农药、化肥混合施用，以防失效；要注意喷后洗手，玉米健壮素原液有腐蚀性，勿与皮肤、衣物接触，喷药后要立即用肥皂洗手。

金得乐主要成分为乙烯类激素物质，能缩短节间长度、矮化株高、增粗茎秆、降低穗位高 15～20 厘米，既抗倒又减少对大豆的遮阴。一般在玉米 6～8 片展开叶时喷施，每亩用 1 袋（30 毫升）兑水 15～20 千克喷雾，可与微酸性或中性农药、化肥同时喷施。

玉黄金主要成分是胺鲜酯和乙烯利，通过降低玉米穗位高和株高而抗倒，减少玉米空秆和秃尖。在玉米生长到 6～9 片展开叶的时候进行喷洒；每亩地用两支（20 毫升）玉黄金加水 30 千克稀释均匀后，利用喷雾器将药液均匀喷洒在玉米叶片上，如果长势不匀，可以喷大不喷小；在整个生育期，原则上只需喷施一次，如果植株矮化不够，可以在抽雄期再喷施一次。

65. 带状间作模式下如何进行大豆、玉米同步化学调控？

大豆玉米带状间作模式，不宜利用玉米降高类调节剂（如矮丰、玉黄金）来同时喷施玉米和大豆，其乙烯利成分会导致大豆花荚脱落；但可在玉米拔节期或大豆分枝期，结合飞防作业用无人机喷施 30％多唑·甲哌鎓 20～30 克/亩或 5％烯效唑 20～50 克/亩，个别较旺田块在大豆初花期再喷施一次。

66. 如何减少或避免增密后玉米出现秃尖空秆和倒伏风险？

一是选用紧凑或半紧凑、抗倒耐密型玉米品种；二是保证玉米的单株施肥量与单作相当，且注意水肥一体化，干旱时及时浇水，尤其是玉米带内因株距较小、土壤湿度相对单作较低，需注意增加灌水量；三是在玉米 7～10 片展叶时视情况喷施玉米健壮素等生长延缓剂，降低株高，防止倒伏。

67. 大豆花荚期遇到较长时间降雨如何应对？

在西南及黄淮海地区，大豆花荚期极易遭遇持续降雨，导致大豆叶片快速生长，植株发生旺长而引起花荚脱落。可降低这类损失的技术措施有：一是及时开沟排水，避免涝害。二是参照大豆化学控旺的方法及时控制旺长。三是结合人工控旺技术，采取疏叶、摘顶心、去营养枝的方法控制旺长，使田块达到良好的通风透光条件。摘顶心时，以掐去主茎顶端 2～3 厘米的嫩尖为宜；剪叶时，剪掉倒三节分枝上的 1/2 叶片，隔 1 叶剪 1 叶；对生长特别旺盛田块还可剪掉短果枝上的所有叶片或整个短果枝条。

68. 大豆收获期遇梅雨季节籽粒容易霉变，如何应对？

根据当地气候条件，一般可选择早熟型品种，避开成熟期雨季，如四川省 10～11 月易出现阴雨天气，可选择 9 月下旬成熟的品种，在小麦、油菜收获后，于 5 月中下旬及时播种大豆，让大豆收获期错开梅雨季节。

病虫草害防控篇

69. 大豆玉米带状复合种植技术应用时病害发生有什么特点?

绿色防控病虫害（上）

在大豆玉米带状复合种植系统内，田间常见玉米病害有叶斑类病害（大斑病、小斑病、灰斑病等）、纹枯病、茎腐病、穗腐病等，其中以纹枯病、大斑病、小斑病、穗腐病发生普遍；常见大豆病害有大豆病毒病、根腐病、细菌性叶斑病、荚腐病等，其中病毒病和细菌性叶斑病为常发病，根腐病随着种植年限延长而加重，发病率5%～20%。结荚期，如遇连续降雨，大豆荚腐病发生较重。与单作玉米和单作大豆相比，各主要病害的发生率均降低，病害抑制率为4.2%～60%。

70. 大豆玉米带状复合种植技术应用时虫害发生有什么特点?

绿色防控病虫害（下）

带状间套作能降低斜纹夜蛾幼虫、大豆高隆象、大豆蜗牛、钉螺和大豆蚜虫（低飞害虫）的数量，最高抑制率分别达到单作对应大豆害虫数量的7.0%、23.1%、16.5%、17.9%和50.2%。与单作相比，带状间套作能显著降低大豆有虫株率，降至单作的47.6%，玉米、大豆行比配置为 2∶3 和 2∶4 的综合控虫效果优于其他配置。小株距密植玉米带对大豆蚜虫具有明显的阻隔效应，抑制率达 59.3%。

71. 西北带状间作区杂草发生有何特点?

该区域阔叶杂草优势种有藜科、蓼科、苋科、菊科等，禾本科杂草以稗为优势种，难除杂草主要为苣荬菜、刺儿菜、鸭跖草、苍耳、问荆等。玉米和大豆一般在 4 月下旬至 5 月初播种，苣荬菜、稗、柳叶刺蓼、藜等开始萌发出苗，随着气温升高，降雨增多，稗、藜、反枝苋、苘麻等萌发出苗，5 月底至 6 月上旬杂草发生达到高峰期，为害加重。

72. 黄淮海带状间作区杂草发生有何特点?

该区域田间优势杂草有马唐、牛筋草、稗、马齿苋、反枝苋、铁苋菜、苘麻等，难除杂草有马唐、香附子、打碗花、苍耳、刺儿菜、苣荬菜等。麦茬免耕田玉米、大豆 6 月中下旬播种，马唐、稗等杂草先于玉米、大豆出苗，杂草竞争力强，前期防除难度增加。田间多年生杂草发生程度相对较轻，禾本科杂草发生和为害较重，杂草与作物的竞争激烈，应抓住苗后早期及时除草。

73. 西南带状间套作区杂草发生有何特点?

该区域多年生杂草占比较大，杂草发生时间长，难除杂草多。如四川地区较多的杂草有牛膝菊、反枝苋、铁苋菜、通泉草、酢浆草、马唐、牛筋草、稗、空心莲子草、酸模叶蓼、藜、碎米莎草等，其中难防除杂草为水花生、双穗雀稗、反枝苋、牛膝菊、香附子、牛筋草等。杂草先于玉米和大豆出苗，在玉米、大豆生育期中有多个杂草发生高峰期，化学方法很难一次性防除。土壤墒情好时，如遇降雨，杂草的发生和为害加重，若防除不及时容易出现草荒。

74. 大豆玉米带状复合种植技术应采取何种病虫草害防控策略?

基于带状复合种植田间病虫草害的发生规律，制定了"一施多治、一具多诱、以封为主、封定结合"的防控策略。

(1) 一施多治 针对发生时期一致且玉米和大豆的共有病虫害，在病虫害发生关键期，采用广谱生防菌剂、农用抗生素、高效低毒杀虫、杀菌剂，结合农药增效剂，对多种病虫害进行统一防治，达到一次施药、兼防多种病虫害的目标。

(2) 一具多诱 针对带状复合种植害虫发生动态，基于趋光性（杀虫灯）、趋色性（色板）、趋化性（性诱剂）等理化原理，采用智能可控多波段 LED 杀虫灯、可降解多色板、性诱剂装置等物理器具，对主要同类、共有害虫进行同时诱杀，通过人工或智能调控实现一种器具可诱杀多种害虫的目标。

(3) 封定结合 依据玉米、大豆对除草剂的选择性差异，采用芽前封闭与苗后定向除草相结合的方法防除杂草。

75. 带状套作区如何开展芽前封闭除草?

封闭除草很重要

玉米播后芽前，可选用 96％精异丙甲草胺乳油 60～80 毫升/亩，进行封闭除草。如果玉米行间杂草较多，在播种大豆前 4～7 天，先用微耕机灭茬后，再选用 50％乙草胺乳油 150～200 毫升/亩＋41％草胺膦水剂 100～150 毫升/亩，兑水 40 千克/亩，通过背负式喷雾器定向喷雾，注意不要将药液喷施到玉米茎叶上，以免发生药害。如果玉米行间杂草较少，可用微耕机灭茬后直接播种大豆。

76. 带状间作区如何开展芽前封闭除草?

对于以禾本科杂草为主的田块，选用 96％精异丙甲草胺乳油（金都尔）80～100 毫升/亩进行芽前防除；对于单、双子叶杂草混合为害的田块，播后芽前选用 96％精异丙甲草胺乳油 50～80 毫升/亩＋50％嗪草酮可湿性粉剂 20～40 克/亩，兑水 40 千克/亩，芽前均匀喷雾。对于机收麦茬田块，田间已有少量杂草或自生麦苗，播后芽前封闭除草时需要在除草剂中添加阔叶类杂草茎叶除草剂，以达到"封杀"双重效果，为后期定向除草减轻压力，可选用根茎叶均能吸收的除草剂，如 50％乙草胺乳油 100～200 毫升/亩＋15％噻吩磺隆可湿性粉剂 8～10 克/亩，兑水 60 千克/亩以上，施药时尽可能加大兑水量，使药剂能充分喷淋到土表。对于黄淮海流域大豆玉米间作种植区，选用 33％二甲戊灵乳油 100 毫升/亩＋24％乙氧氟草醚乳油 10～15 毫升/亩，兑水 45～60 千克/亩，芽前均匀喷雾。对于西北地区整地较早、阔叶杂草已出苗的田块，在播后芽前，可选用 96％精异丙甲草胺乳油 50～80 毫升/亩＋15％噻吩磺隆可湿性粉剂 8～10 克/亩，兑水 45～60 千克/亩，均匀喷雾。在土壤干旱时施药要加大用水量，有灌溉条件的地方可先灌水后施药。在西北干旱风沙大的地方，精异丙甲草胺施药后宜进行混土。

77. 芽前除草效果不好的田块如何进行苗后除草？

播后芽前未采取封闭除草或芽前除草效果不好的田块，在玉米、大豆苗后早期应及时补施茎叶除草剂或结合中耕机械除草。通常在苗后定向除草两次（玉米 4 叶期与拔节期），玉米用 75％噻吩磺隆 0.7～1 克/亩，大豆用 25％氟磺胺草醚

苗后除草需谨慎

水剂 80～100 克/亩或 10％精喹禾灵乳油＋25％氟磺胺草醚（20 毫升＋20 克型）1 套/亩，带状间作苗期施药时用物理隔帘将玉米、大豆分隔开防止药物飘移造成药害。

78. 苗后除草最佳时期是在什么时候？

一般应在大豆 2～3 片复叶期对大豆行定向喷施除草剂，玉米带定向喷施茎叶除草剂的最佳时期为 3～5 叶期。过早或过晚均易发生药害或降低药效。在杂草萌发出苗高峰期以后，即大部分禾本

科杂草 2～4 叶期和阔叶杂草株高 3～5 厘米时施药，能保证较好的除草效果。

79. 大豆玉米带状复合种植技术常用的玉米除草剂有哪些？

在玉米 2～4 叶期可选用 75％噻吩磺隆 0.7～1 克/亩，或 96％精异丙甲草胺乳油 50～80 毫升/亩＋20％氯氟吡氧乙酸异辛酯乳油 100～150 毫升/亩，或 4％烟嘧磺隆悬浮剂 75～100 毫升/亩＋20％氯氟吡氧乙酸异辛酯乳油 100～150 毫升/亩，兑水定向喷雾。对于前期封闭除草未能防除的香附子、田旋花、小蓟等，可在玉米 5～7 叶期选用 56％2 甲 4 氯钠盐可溶性粉剂 80～120 克/亩，或 20％氯氟吡氧乙酸乳油 30～50 毫升/亩，兑水定向喷施。带状套作田块玉米 8 叶期后，株高已超过 60 厘米，茎基部紫色老化后，可选用 41％草胺膦水剂 100 毫升/亩，兑水除草；如果田间杂草未封地面，也可选用 96％精异丙甲草胺乳油 50～80 毫升/亩＋41％草胺膦水剂 100～150 毫升/亩＋20％氯氟吡氧乙酸异辛酯乳油 100～150 毫升/亩，兑水定向喷施。

80. 大豆玉米带状复合种植技术常用的大豆除草剂有哪些？

大豆苗期以禾本科杂草为主，可选用 25％氟磺胺草醚水剂80～100 克/亩，或 10％精喹禾灵乳剂 20 毫升/亩混 25％氟磺胺草醚 20 克/亩，或 5％精喹禾灵乳油 50～75 毫升/亩，或 24％烯草酮乳油 20～40 毫升/亩，或 10.8％高效吡氟氯禾灵乳油 20～40 毫升/亩，兑水定向喷施。对于杂草较少或雨后杂草大量发生前，可选用 5％精喹禾灵乳油 50～75 毫升/亩＋72％异丙甲草胺乳油 100～150 毫升/亩，或 5％精喹禾灵乳油 50～75 毫升/亩＋96％精异丙甲草胺乳油 50～80 毫升/亩，或 5％精喹禾灵乳油 50～75 毫升/亩＋33％二甲戊乐灵乳油 100～150 毫升/亩，或 24％烯草酮乳油 20～40 毫升/亩＋50％异丙草胺乳油 100～200 毫升/亩，兑水定向喷施。对于田间大量发生的禾本科杂草狗尾草、稗草和苍耳、铁苋菜、反枝苋等阔叶杂草，可选用5％精喹禾灵乳油50～75毫升/亩＋25％氟磺胺草醚水剂50～80毫升/亩，或24％烯草酮乳油20～50毫升/亩＋25％氟磺胺草醚水剂40～60毫升/亩，兑水定向喷施。

81. 如何应对大豆玉米带状复合种植技术可能导致的除草剂药害？

选用除草剂不恰当或施用过量易导致植株出现药害，表现为失绿、黄化，叶片卷曲、畸形，甚至焦枯死亡等症状，及时科学采取补救措施至关重要。如果药害症状较轻，应加强肥水管理，喷施叶面肥、生长调节剂（如赤霉素、芸薹素内酯，按推荐剂量喷施），以减轻药害；如果药害严重，应及时补种或改种其他作物。

82. 大豆玉米带状复合种植技术应用化学除草剂要注意哪些事项？

封闭除草应在播种后2天之内完成，且要求雨后无风、土壤湿润时及时喷施除草剂；对于机收麦茬田块，田间已有少量杂草或自生麦苗，封闭除草时需要在除草剂中添加阔叶类杂草茎叶除草剂，以达到"封杀"双重效果。封闭除草效果不好的地块，苗后及时采用玉米、大豆专用除草剂定向隔离除草，注意除草剂飘移带来的药害影响，尽量使用定向装置或隔离措施减轻飘移危害。

83. 如何防治玉米病虫害且不影响大豆生长？

一方面，在田间布设智能LED集成波段杀虫灯，灯间距为80～160米，诱杀玉米螟、桃柱螟、斜纹夜蛾、蟓科、金龟科害虫的成虫，压低产卵量；另一方面，在玉米大喇叭口期，集中统防统治主要病虫害，将杀虫剂、杀菌剂、调节剂、微肥等统一喷施，既灭杀玉米螟、大豆斜纹夜蛾等害虫，又及时控制大豆旺长、促花增产，如用2.5％高效氯氟氰菊酯＋5％虱螨脲＋12％甲维虫螨腈＋10％已唑醇＋5％烯效唑，按推荐剂量使用。

84. 作物生长调节剂、微肥与农药混合施用时应注意哪些问题？

调节剂与农药在混合施用时应严格按照药剂作用说明进行，一是注意是否发生不良化学反应，如酸碱中和、沉淀、水解、碱解、酸解、盐析或氧化还原反应等；二是不发生减少毒性和残留活性现象，混合物不会对产品产生毒害作用。农药混合后，要求不增加毒性，保证对人畜安全，中等毒性农药与低毒或低残留的农药混用，可降低毒性或残留，减少产品中的农药残留量。要鉴别植物生长调节剂能否与其他农药、化肥混合，最简单的方法是将它们混合后放到同一个容器内，并制成溶液，看是否有浮油、絮结、沉淀或变色、发热、产生气泡等现象发生，若有则不能混合。

机械化生产技术篇

85. 适宜西北地区的覆膜滴灌播种施肥一体机有哪些？

我国西北地区早晚温差大、雨水少，按照大豆玉米带状复合种植模式的农艺要求，玉米、大豆需要采用窄行距、小株距精量播种，在播种过程中需要覆膜和铺设滴灌带同步作业，目前适宜西北地区的覆膜滴灌播种施肥一体机主要有新疆天诚公司的 2MBDY-5、2MBDY-6 型机具。

86. 适宜黄淮海地区的麦茬免耕播种施肥一体机有哪些？

在黄淮海地区，大豆玉米带状复合种植模式主要在小麦收获后麦茬地免耕条件下进行夏玉米与夏大豆间作播种，播种时田间秸秆量较大，选用大豆玉米播种施肥一体机时，需要选用窄行距、小株距密植排种器，窄型仿形单体，玉米排肥器选用施肥量60～80千克/亩之间且具有免耕防堵措施的大豆玉米播种施肥一体机。目前黄淮海地区麦茬免耕播种施肥一体机主要有农哈哈机械有限公司的 2BFYD-2/3、2BFYD-2/4 型大豆玉米免耕播种施肥一体机，以及山东大华机械有限公司的 2BMYF-2/3、2BMYFQ-6、2BMYFC-6、2BMFX-6、2BMYF-2/4 型大豆玉米免耕播种施肥一体机。

87. 适宜西南丘陵山区的免耕播种施肥一体机有哪些？

在西南丘陵山区大豆玉米带状复合种植模式主要有套作和间作

两种模式，一种是春玉米套种夏大豆和夏玉米套种夏大豆，另一种是夏玉米间作夏大豆。其中套作模式选用窄行距、小株距（8～14厘米）的排种器，采用仿形窄型单体，玉米排肥器选用施肥量60～80千克/亩之间且镇压力可调的大豆玉米播种施肥机。目前主要机型有：农哈哈机械有限公司的 2BFYDM-2/3、2BFYDM-2/4 型大豆玉米播种施肥机与山东大华机械有限公司的 2BMYF-2/3、2BMYFC-2/4 型大豆玉米播种施肥机。

88. 适宜长江中下游地区的开沟播种施肥一体机有哪些?

目前，大豆玉米播种施肥一体机一般没有开沟功能。长江中下游地区播种时如果需要增加开沟功能，小地块可以先采用间作或套作播种施肥一体机按照种植模式要求进行播种施肥作业，再采用小马力手扶式拖拉机携带开沟器在种带行间进行开沟作业；针对大地块区域，有关大豆玉米播种施肥一体机生产企业可在播种机的两端适当位置加装开沟器，减少作业机组下地作业次数，提高机械化作业效率。

89. 适宜大豆玉米带状复合种植技术的玉米播种施肥机有哪些?

目前，玉米播种施肥机一般使用在套作模式中，较为普遍的是在西南丘陵地区进行春玉米播种时使用，主要机型有农哈哈机械有限公司的 2BYF-2、2BYFSF-2D 型玉米精量播种机与山东大华机械有限公司的 2BMYFC-2、2BMYF-2 型玉米精量播种机；西北、黄淮海等平原地区进行套作时，也可选用上述机型或山东大华机械有限公司生产的气吸式 2BMYFQ-2 型玉米精量播种机。

90. 适宜大豆玉米带状复合种植技术的玉米联合收获机有哪些?

（1）山东巨明机械有限公司 4YZLP-2D 履带式 2 行玉收获米机，外形尺寸 5 350×1 720×2 680（毫米）。

（**2**）克拉斯（山东）农业机械有限公司 4YZP-2 自走式玉米收获机，外形尺寸 6 000×1 580×2 850（毫米）；4YZP-2HM 自走履带式玉米收获机，外形尺寸 5 600×1 580×2 750（毫米）。

（**3**）江苏沃得农业机械股份有限公司 4YZL-2C 履带式玉米收获机，外形尺寸 5 900×1 580×2 850（毫米）。

（**4**）山西省襄垣县仁达机电设备有限公司 4YZX-2C 自走式玉米收获机，外形尺寸 5 700×1 700×2 950（毫米）；4YZX-2D 自走式玉米收获机，外形尺寸 5 100×1 650×2 570（毫米）。

（**5**）潍柴雷沃重工股份有限公司 4YZ-2CP 履带式玉米收获机，外形尺寸 5 800×1 530×2 900（毫米）。

（**6**）湖南省农友农业装备股份有限公司 4LZ-1.6 自走履带式玉米收获机，外形尺寸 3 730×1 600×2 040（毫米）。

91. 适宜大豆玉米带状复合种植技术的大豆联合收获机有哪些？

（**1**）久保田农业机械（苏州）有限公司 4LZ-2.5（PRO988Q）大豆联合收获机，外形尺寸 4 860×2 000×2 815（毫米）。

（**2**）久保田农业机械（苏州）有限公司 4LZ-1.5A8（PRO318Q）大豆联合收获机，外形尺寸 4 800×1 600×2 660（毫米）。

（**3**）江苏沃得农业机械股份有限公司 4LZ-4.0HA 大豆联合收获机，外形尺寸 4 950×1 930×2 590（毫米）。

（**4**）四川刚毅科技集团有限公司 GY4D-2 大豆联合收获机，外形尺寸 4 230×1 500×2 300（毫米）。

（**5**）四川德阳金兴农机制造有限责任公司 4LZD-1.2Z 履带自走式大豆联合收获机，外形尺寸 4 300×1 980×2 675（毫米）。

92. 如何提高机械化精量播种质量？

为了提高机械化精量播种质量，减少缺苗断垄情况发生，可采取如下措施：一是采用专用的大豆玉米播种施肥一体机，这种专用播种

把好播种质量关

机采用玉米、大豆株距播深分调分控技术，满足玉米株距10-12-14（厘米）、大豆株距 8-10-12（厘米）可调，保证玉米、大豆在高密度、小株距情况的播种质量；采用可调式单体仿形，调整镇压弹簧预紧力，实现玉米（不大于 200 牛）、大豆（不大于 150 牛）不同镇压力需求，分别采用不同的镇压轮，通常玉米选用充气轮、大豆选用 V 形轮，以保证不同播深和紧实度；由于大豆播种单体之间的间距较窄，播种单体需要错位安装，以增加播种单体之间的空间，提高播种单体之间秸秆和泥土的流动性，保证播种质量。二是正确组装拖拉机和播种机，在组装挂接播种机时，调节拖拉机提升结构的调节杆以保证播种机的前后、左右的水平。三是播种前检查和调整播种机，内容包括：施肥开沟器与播种开沟器之间横向尺寸为 10 厘米，检查施肥深度和播种深度，玉米、大豆均采用侧深施肥技术，施肥深度大于 10 厘米，玉米播种深度 5～7 厘米，大豆播种深度 3～5 厘米，玉米施肥量 60～80 千克/亩，大豆施肥量10～20 千克/亩。四是在播种作业前，尽量进行耕整地或秸秆灭茬作业，保证播种地块平整。在田间播种作业时，拖拉机行驶速度保持中速行驶，太慢会影响播种效率，太快则漏播率较高会出现严重的缺苗断垄。

93. 播种机具常见问题有哪些？如何进行调试？

（1）施肥量不足时，检查是否存在排肥管堵塞或施肥量开度过小导致施肥量不足等问题。若排肥管堵塞就需要及时清理排肥管，若施肥量开度过小则转动施肥量调节手轮实现排肥器水平移动，从而改变播种机的施肥量，提高播种机施肥量。

（2）播深不一致时，检查播种机机架前后是否水平、机架是否有变形扭曲，以及限深轮的位置是否一致等。若机架前后水平不一致，可调节液压悬挂拉杆尺寸；若机架出现变形，则需要恢复并校正机架；若开沟器限深轮安装位置不一致，可拧松限深轮锁紧螺母，调整限深轮的位置实现播种一致性。

（3）漏播或重播率高时，首先按照使用说明书要求，调整排种器上的漏播或重播手柄位置。输种管堵塞或脱落、开沟器阻塞、排种器堵塞或零件老化、作业速度过快等情况都将导致漏播或重播率过高，一般作业时或作业前都需要经常检查输种管、开沟器与排种器是否存在堵塞。

94. 玉米联合收获机具常见问题有哪些？如何进行调试？

（1）摘穗割台堵塞 解决办法：调整摘穗板间隙，减小秸秆断茎率，调整拉茎辊与秸秆粉碎装置转速，降低收获机前进速度减小喂入量。

（2）果穗损失严重 解决办法：调节摘穗板间隙降低果穗啃伤率，调整拨禾链转速减少果穗打击次数，调节割台高度控制果穗掉落位置以避免夹伤果穗。

（3）果穗剥净率不高 解决办法：根据果穗的直径大小调节剥皮星轮与下压轮间隙，调节剥皮辊间距降低籽粒损伤。

（4）果穗掉包率高 解决办法：控制收获机前进速度减小扶禾装置对秸秆的冲击，减小摘穗辊间隙等。

95. 大豆联合收获机具常见问题有哪些？如何进行调试？

（1）大豆损失率高 解决办法：调节拨禾轮转速，减小豆荚打击次数，在清选装置后方增加大豆收集装置。

（2）输送过桥堵塞 解决办法：降低收获机行走速度，调整输送链张紧度，加大油门提高输送链转速。

（3）大豆破碎率高 解决办法：调节脱粒滚筒间隙至合适大小，适当降低脱粒滚筒转速；增加脱粒装置导向板角度；缩短大豆在脱粒装置中的时间。

（4）大豆含杂率高 解决办法：调节清选装置振动频率和风机转速和进风量，更换合适筛网。

96. 玉米先收、大豆后收地区，在播种和收获时应注意什么问题？

收获机的选择

采用玉米先收技术需满足以下要求：

（1）玉米先于大豆成熟。

（2）除了严格按照大豆玉米带状复合种植技术要求外，应在地块的周边种植玉米，以便收获时先收周边玉米，利于机具转行收获，缩短机具空载作业时间。

（3）玉米收获机种类很多，尺寸大小不一。玉米带位于两条大豆带之间，因此，选用的玉米收获机的整机宽度不能大于大豆带间距离。不同区域的大豆带间距离不同，因此只能选用整机总宽度小于大豆带间距离且同时满足整机结构紧凑、重心低等特点的 2～4 行玉米收获机，一般作业效率为 5～8 亩/小时。

97. 大豆先收、玉米后收地区，在播种和收获时应注意什么问题？

机械化收获保丰收

采用先收大豆技术需满足以下要求：

（1）大豆先于玉米成熟。

（2）除了严格按照大豆玉米带状复合种植技术要求外，应在地块的周边种植大豆，以便收获时先收周边大豆，利于机具转行收获，缩短机具空载作业时间。

（3）大豆收获机种类很多，尺寸大小不一。大豆带位于两条玉米带之间，按行距 35 厘米计，2～6 行大豆带宽 0.35～1.75 米；如果带间距为 70 厘米，则作业空间为 1.75～3.15 米。因此，选用的大豆联合收获机整机宽度 1.55～2.95 米，作业速度应在3～6 千米/小时，作业效率为 6～10 亩/小时。

98. 如何利用当地现有播种机具进行改装播种?

若采用当地现有玉米播种机进行适当改装,使之能适应大豆玉米带状复合种植模式的机械化播种,实现玉米不减产、多收一季豆的目标,主要改装方式有:

(1) 更换排种盘 勺轮式排种器主要改变勺轮窝眼大小和增加勺轮数,气吸式排种器主要改变型孔盘的孔径和增加型孔盘的孔数。

(2) 通过改变或增设传动变速系统,实现机具对玉米与大豆播种单体的分调分控,实现玉米、大豆按照各自的行距和株距进行窄行小株距精密播种。

(3) 更换玉米行的排肥器,增加玉米行的排肥量,使玉米施肥量达到 60~80 千克/亩,并根据玉米行和大豆行的排列将肥箱分隔开以便分别储存玉米和大豆用肥。

99. 如何利用当地现有收获机具进行收获?

首先要根据大豆、玉米成熟顺序选择不同的收获机具,其中玉米先于大豆成熟时,应选用当地整机总宽度小于玉米带宽+2 个大豆、玉米带间距的窄型玉米机先收玉米,待玉米收获完成后大豆的收获空间变大,此时就可采用当地常规的大豆收获机进行作业;大豆先于玉米成熟时,应选用当地整机宽度小于大豆带宽+2 个大豆、玉米带间距,割茬高度低于 5 厘米,作业速度在 3~6 千米/小时范围内的大豆收获机先收大豆,待大豆收获完成后玉米的收获空间变大,此时可采用当地常规的玉米收获机进行作业;当大豆、玉米同时成熟时可采用当地生产上常用的玉米收获机和大豆收获机一前一后同时收获玉米和大豆。

100. 哪些情况下大豆、玉米可以同时收获(一前一后两台机械同时下地)?

大豆、玉米同时收获这种模式一般适用于我国西北、黄淮海等地的间作区，该模式要求大豆、玉米成熟期一致，且成熟后利于同时收获。收获时对机具没有太大的限制，可就地选择现有的玉米和大豆联合收获机具，作业时要求两个机具一前一后保持安全距离即可。另外，同时收获也广泛应用于收获青贮玉米和青贮大豆的模式，选用能同时收获高秆作物和矮秆作物的青贮收获机，且能够完成收获玉米、大豆时完全粉碎供青贮用。由于大豆玉米带状复合种植的特殊性，在采用该模式时需要特别注意，前期播种时应选取生育期相近、成熟期一致的大豆和玉米品种，这是保证同时收获的关键。

附　件

附件1　大豆玉米带状复合种植除草剂使用指导意见

全国农业技术推广服务中心

大豆玉米带状复合种植技术对除草剂品种选择、施用时间、施药方式等提出了更高要求。为科学规范带状复合种植除草技术应用，提高防除效果，全国农业技术推广服务中心组织专家研究制定了《大豆玉米带状复合种植除草剂使用指导意见》，供各地参考。

一、防控策略

大豆玉米带状复合种植杂草防除坚持综合防治原则，充分发挥翻耕旋耕除草、地膜覆盖除草等农业、物理措施的作用，降低田间杂草发生基数，减轻化学除草压力。使用除草剂坚持"播后苗前土壤封闭处理为主、苗后茎叶喷施处理为辅"的施用策略，根据不同区域特点、不同种植模式，既要考虑当茬大豆、玉米生长安全，又要考虑下茬作物和翌年大豆玉米带状复合种植轮作倒茬安全，科学合理选用除草剂品种和施用方式。

因地制宜。各地要根据播种时期、种植模式、杂草种类等制定杂草防治技术方案，因地制宜科学选用适宜的除草剂品种和使用剂量，开展分类精准指导。

治早治小。应优先选用播后苗前土壤封闭处理除草方式，减轻苗后除草压力。苗后除草重点抓住出苗期和幼苗期，此时杂草与作物开始竞争，也是杂草最敏感脆弱的阶段，除草效果好。

安全高效。杂草防控使用的除草剂品种要确保高效低毒低残留，对环境友好，确保本茬大豆、玉米及周边作物的生长安全，同时对下茬作物不会造成影响。

二、技术措施

(一) 大豆玉米带状套作

主要在西南地区，降雨充沛，杂草种类多，防除难度大。玉米先于大豆播种，除草剂使用应封杀兼顾。玉米播后苗前选用精异丙甲草胺（或乙草胺）＋噻吩磺隆等药剂进行土壤封闭处理，如果玉米播前田间已经有杂草的可用草铵膦喷雾；土壤封闭效果不理想需茎叶喷雾处理的，可在玉米苗后3～5叶期选用烟嘧磺隆＋氯氟吡氧乙酸（或二氯吡啶酸、灭草松）定向（玉米种植区域）茎叶喷雾。

大豆播种前3天，根据草相选用草铵膦、精喹禾灵、灭草松等在田间空行进行定向喷雾，播后苗前选用精异丙甲草胺（或乙草胺）＋噻吩磺隆等药剂进行土壤封闭处理。土壤封闭效果不理想需茎叶喷雾处理的，在大豆3～4片三出复叶期选用精喹禾灵（或高效氟吡甲禾灵、精吡氟禾草灵、烯草酮）＋乙羧氟草醚（或灭草松）定向（大豆种植区域）茎叶喷雾。

(二) 大豆玉米带状间作

主要在西南、黄淮海、长江中下游和西北地区。大豆玉米同期播种，除草剂使用以播后苗前封闭处理为主。选用精异丙甲草胺（或异丙甲草胺、乙草胺）＋唑嘧磺草胺（或噻吩磺隆）等药剂进行土壤封闭。

土壤封闭效果不理想需茎叶喷雾处理的，可在玉米苗后3～5叶期、大豆2～3片三出复叶期、杂草2～5叶期，根据当地草情，选择玉米、大豆专用除草剂实施茎叶定向除草（要采用物理隔帘将玉米、大豆隔开施药）。后期对于难防杂草可人工拔除。

黄淮海地区：麦收后田间杂草较多，在玉米和大豆播种前，先用草铵膦进行喷雾处理，灭杀已经出苗的杂草。在玉米和大豆播种后立即进行土壤封闭处理，土壤封闭施药后，可结合喷灌、降雨或灌溉等措施，将小麦秸秆上沾附的药剂淋溶到土壤表面，提高封闭效果。

西北地区：推广采用黑色地膜覆膜除草技术，降低田间杂草发生基数。在没有覆膜的田块，播后苗前进行土壤封闭处理。

内蒙古：采用全膜覆盖或半膜覆盖控制部分杂草。在没有覆膜的田块，播后苗前进行土壤封闭处理，结合苗后玉米、大豆专用除草剂定向喷雾。

三、注意事项

优先选用噻吩磺隆、唑嘧磺草胺、灭草松、精异丙甲草胺、异丙甲草胺、乙草胺、二甲戊灵7种同时登记在玉米和大豆上的除草剂。土壤有机质含量在3％以下时，选择除草剂登记剂量低量；土壤有机质含量在3％以上时，选择除草剂登记剂量高量。喷施除草剂时，应保证喷洒均匀，干旱时土壤处理每亩用水量在40升以上。

在选择茎叶处理除草剂时，要注意选用对邻近作物和下茬作物安全性高的除草剂品种。精喹禾灵、高效氟吡甲禾灵、精吡氟禾草灵和烯草酮等药剂飘移易导致玉米药害；氯氟吡氧乙酸和二氯吡啶酸等药剂飘移易导致大豆药害，莠去津、烟嘧磺隆易导致大豆、小麦、油菜残留药害，氟磺胺草醚对下茬玉米不安全。

如果发生除草剂药害，可在作物叶面及时喷施吲哚丁酸、芸薹素内酯、赤霉酸等，可在一定程度上缓解药害。同时，应加强水肥管理，促根壮苗，增强抗逆性，促进作物快速恢复生长。

使用喷杆喷雾机定向喷雾时，应加装保护罩，防止除草剂飘移到邻近作物，同时应注意除草剂不流到邻近其他作物。喷雾器械使用前应彻底清洗，以防残存药剂导致作物药害。

喷洒除草剂时，要注意风力、风向及晴雨等天气变化。选择晴天无风且最低气温不低于4℃时用药，喷药时间选择上午10时前和下午4时后最佳，夏季高温季节中午不能喷药。阴雨天、大风天禁止用药，以防药效降低及雾滴飘移产生药害。

附件2 大豆玉米带状复合种植病虫害防治技术指导意见

全国农业技术推广服务中心

大豆玉米带状复合种植是稳粮增油的重大技术，是解决粮油争地的重要举措。为指导做好该模式下病虫害的防治工作，推进玉米和大豆兼容发展、协调发展，特制定本意见。

一、防治思路

以大豆玉米复合种植模式为主线，以间（套）作期两种作物主要病虫害协调防控为重点，综合应用农业防治、生态调控、理化诱控、生物防治和科学用药等防控措施，实施病虫害全程综合防治，切实提高防治效果，降低病虫危害损失。

二、防治重点

（一）西南间（套）作种植模式区

大豆：炭疽病、根腐病、病毒病、锈病，斜纹夜蛾、蚜虫、豆秆黑潜蝇、豆荚螟、地下害虫、高隆象等。

玉米：纹枯病、大斑病、灰斑病、穗腐病，草地贪夜蛾、玉米螟、黏虫（二代、三代）、地下害虫等。

（二）西北间作模式区

大豆：病毒病、根腐病，蚜虫、大豆食心虫、豆荚螟、地下害虫等。

玉米：大斑病、茎腐病、灰斑病，黏虫（二代、三代）、玉米螟、双斑长跗萤叶甲、红蜘蛛、地下害虫等。

（三）黄淮间作模式区

大豆：根腐病、拟茎点种腐病、霜霉病，点蜂缘蝽、蚜虫、烟粉虱、斜纹夜蛾、豆秆黑潜蝇、大豆食心虫、豆荚螟、地下害虫等。

玉米：南方锈病、茎腐病、穗腐病、褐斑病、弯孢菌叶斑病、小斑病、粗缩病，草地贪夜蛾、玉米螟、棉铃虫、黏虫（二代、三代）、桃蛀螟、玉米蚜虫、二点委夜蛾、蓟马等。

三、全程综合防控技术

加强调查监测，及时掌握病虫害发生动态，做到早发现、早防治。在病虫害防控关键时期，采用植保无人机、高秆喷雾机等喷施高效低风险农药，提高防控效果，控制病虫发生为害。

（一）播种期

在确定适应的复合种植模式的基础上，选择适合当地的耐密、耐阴抗病虫品种，合理密植，做好种子处理，预防病虫为害。种子处理以防治大豆根腐病、拟茎点种腐病、玉米茎腐病、丝黑穗等土传种传病害和地下害虫、草地贪夜蛾、蚜虫等苗期害虫为主，选择含有精甲·咯菌腈、丁硫·福美双、噻虫嗪·噻呋酰胺等成分的种衣剂进行种子包衣或拌种。不同区域应根据当地主要病虫种类选择相应的药剂进行种子处理，必要时可对玉米、大豆包衣种子进行二次拌种，以弥补原种子处理配方的不足。

（二）苗期—玉米抽雄期（大豆分枝期）

重点防治玉米螟、桃蛀螟、蚜虫、烟粉虱、红蜘蛛、叶斑病、大豆锈病、豆秆黑潜蝇、斜纹夜蛾、蜗牛等。一是采取理化诱控措施，在玉米螟、桃蛀螟、斜纹夜蛾等成虫发生期使用杀虫灯结合性诱剂诱杀害虫；二是针对棉铃虫、斜纹夜蛾、金龟子（蛴螬成虫）等害虫，自田间出现开始，采用生物防治措施，优先选用苏云金杆菌、球孢白僵菌、甘蓝夜蛾核型多角体病毒、金龟子绿僵菌等生物制剂进行喷施防治；三是在田间棉铃虫、斜纹夜蛾、桃蛀螟、蚜虫、红蜘蛛等害虫发生密度较大时，于幼虫发生初期，选用四氯虫酰胺、甲氨基阿维菌素苯甲酸盐、乙基多杀菌素、茚虫威等杀虫剂喷雾防治，根据玉米、大豆叶斑类病害、锈病等病害发生情况，选用吡唑醚菌酯、戊唑醇等杀菌剂喷雾防治。

（三）开花—成熟期

此期是大豆保荚、玉米保穗的关键时期。在前期防控的基础上，根据玉米大斑病、小斑病、锈病、褐斑病、钻蛀性害虫，大豆锈病、叶斑病、豆荚螟、大豆食心虫、点蜂缘蝽、斜纹夜蛾等发生情况，有针对性地选用枯草芽孢杆菌、井冈霉素 A、苯醚甲环唑、丙环·嘧菌酯等杀菌剂和氯虫苯甲酰胺、高效氯氟氰菊酯、溴氰菊酯或者含有噻虫嗪成分的杀虫剂喷施，兼治玉米、大豆病虫害。根据玉米生长后期植株高大的情况，宜利用高秆喷雾机或植保无人机进行防治。

注意事项：采用无人机施药时要注意添加增效剂、沉降剂，保证每亩 1.5～2 升的药液量。特别是防治害虫时，要抓住低龄幼虫防控最佳时期，以保苗、保芯、保产为目标开展统防统治。收获后及时进行秸秆粉碎或者打包处理，以减少田间病残体和虫源数量。

附件3　大豆玉米带状复合种植配套机具应用指引

农业农村部农业机械化管理司
农业农村部农业机械化总站

大豆玉米带状复合种植技术采用大豆带与玉米带间作套种，充分利用高位作物玉米边行优势，扩大低位作物空间，实现作物协同共生、一季双收、年际间交替轮作，可有效解决玉米、大豆争地问题。为做好大豆玉米带状复合种植机械化技术应用，提供有效机具装备支撑保障，针对西北、黄淮海、西南和长江中下游地区主要技术模式制定了大豆玉米带状复合种植配套机具应用指引，供各地参考。其他地区和技术模式可参照应用。

一、机具配套原则

2022年是大面积推广大豆玉米带状复合种植技术的第一年，为便于全程机械化实施落地，在机具选配时，应充分考虑目前各地实际农业生产条件和机械化技术现状，优先选用现有机具，通过适当改装以适应复合种植模式行距和株距要求，提高机具利用率。有条件的可配置北斗导航辅助驾驶系统，减轻机手劳动强度，提高作业精准度和衔接行行距均匀性。

二、播种机具应用指引

播种作业前，应考虑大豆、玉米生育期，确定播种、收获作业先后顺序，并对播种作业路径详细规划，妥善解决机具调头转弯问题。大面积作业前，应进行试播，及时查验播种作业质量、调整机具参数，播种深度和镇压强度应根据土壤墒情变化适时调整。作业时，应注意适当降低作业速度，提高小穴距条件下播种作业质量。

（一）2+3 和 2+4 模式

该模式玉米带和大豆带宽度较窄，大豆、玉米分步播种时，应注意选择适宜的配套动力轮距，避免后播作物播种时碾压已播种苗带，影响出苗。玉米后播种时，动力机械后驱动轮的外沿间距应小于 160 厘米；大豆后播种时，2+3 模式动力机械后驱动轮的外沿间距应小于 180 厘米，2+4 模式后驱动轮的外沿间距应小于 210 厘米；驱动轮外沿与已播作物播种带的距离应大于 10 厘米。如大豆、玉米可同时播种，可购置 1+X+1 型（大豆居中，玉米两侧）或 2+2+2 型（玉米居中，大豆两侧）大豆玉米一体化精量播种机，提高播种精度和作业效率；一体化播种机应满足株行距、单位面积施肥量、播种精度、均匀性等方面要求；作业前，应对玉米、大豆播种量、播种深度和镇压强度分别调整；作业时，注意保持衔接行行距均匀一致，防止衔接行间距过宽或过窄。

（1）黄淮海地区　目前该地区玉米播种机主流机型为 3 行和 4 行，大豆播种机主流机型为 3 到 6 行，或兼用玉米播种机。前茬小麦收获后，可进行灭茬处理，提高播种质量，提升出苗整齐度。

玉米播种时，将播种机改装为 2 行，调整行距接近 40 厘米，通过改变传动比调整株距至 10～12 厘米，平均种植密度为 4 500～5 000 株/亩，并加大肥箱容量、增设排肥器和施肥管，增大单位面积施肥量。大豆播种时，优先选用 3 行或 4 行大豆播种机，或兼用可调整至窄行距的玉米播种机，通过调整株行距来满足大豆播种的农艺要求，平均种植密度为 8 000～10 000 株/亩。

（2）西北地区　该地区覆膜打孔播种机应用广泛，应注意适当降低作业速度，防止地膜撕扯。

玉米播种时，可选用 2 行覆膜打孔播种机，调整行距接近 40 厘米，通过改变鸭嘴数量将株距调整至 10 厘米左右，平均种植密度为4 500～5 000株/亩，并增大单位面积施肥量。大豆播种时，优先选用3行或4行大豆播种机，或兼用可调整至窄行距的玉米播种机，可采用一穴多粒的播种方式，平均种植密度为11 000～12 000株/亩。

(3) 西南和长江中下游地区　该区域大豆玉米间套作应用面积较大，配套机具应用已经过多年试验验证。

玉米播种时，可选用2行播种机，调整行距接近40厘米，株距调整至12～15厘米，平均种植密度为4 000～4 500株/亩，并增大单位面积施肥量。大豆播种采用2+3模式时，可在2行玉米播种机上增加一个播种单体；采用2+4模式时，可选用4行大豆播种机完成播种作业；株距调整至9～10厘米，平均种植密度为9 000～10 000株/亩。

(二)　3＋4、4＋4和4＋6模式

(1) 黄淮海地区　玉米播种时，可选用3行或4行播种机，调整行距至55厘米，通过改变传动比将株距调整至13～15厘米，玉米平均种植密度为4 500～5 000株/亩。大豆播种时，优先选用4行或6行大豆播种机，或兼用可调整至窄行距的玉米播种机，通过改变传动比和更换排种盘调整穴距至8～10厘米，大豆平均种植密度为8 000～9 000株/亩。

(2) 西北地区　玉米播种时，可选用4行覆膜打孔播种机，调整行距至55厘米，通过改变鸭嘴数量将株距调整至13～15厘米，玉米平均种植密度为4 500～5 000株/亩。大豆播种时，优先选用4行或6行大豆播种机，或兼用可调整至窄行距的玉米播种机，株距调整至13～15厘米，可采用一穴多粒播种方式，大豆平均种植密度为9 000～10 000株/亩。

三、植保机具应用指引

(1) 合理选用药剂及用量，按照机械化高效植保技术操作规程进行防治作业。

(2) 杂草防控难度较大，应尽量采用播后苗前化学封闭除草方式，减轻苗后除草药害。播后苗前喷施除草剂应喷洒均匀，在地表形成药膜。

（3）苗后喷施除草剂时，可改装喷杆式喷雾机，设置双药箱和喷头区段控制系统，实现不同药液的分条带喷施，并在大豆带和玉米带间加装隔离板，防止药剂带间飘移，也可在此基础上更换防飘移喷头，提升隔离效果。

（4）喷施病虫害防治药剂时，可根据病虫害的发生情况和区域，选择大豆玉米统一喷施或独立喷施。

（5）也可购置使用"一喷施两防治"复合种植专用一体化喷杆喷雾机。

四、收获机具应用指引

根据作物品种、成熟度、籽粒含水率及气候等条件，确定两种作物收获时期及先后收获次序，并适期收获、减少损失。当玉米果穗苞叶干枯、籽粒乳线消失且基部黑层出现时，可开始玉米收获作业；当大豆叶片脱落、茎秆变黄，豆荚表现出本品种特有的颜色时，可开始大豆收获作业。

根据地块大小、种植行距、作业要求选择适宜的收获机，并根据作业条件调整各项作业参数。玉米收获机应选择与玉米带行数和行距相匹配的割台配置，行距偏差不应超过 5 厘米，否则将增加落穗损失。用于大豆收获的联合收割机应选择与大豆带幅宽相匹配的割台割幅，推荐选配割幅匹配的大豆收获专用挠性割台，降低收获损失率。大面积作业前，应进行试收，及时查验收获作业质量、调整机具参数。

（一）2+3和2+4模式

如大豆、玉米成熟期不同，应选择小 2 行自走式玉米收获机先收玉米，或选择窄幅履带式大豆收获机先收大豆，待后收作物成熟时，再用当地常规收获机完成后收作物收获作业；也可购置高地隙跨带玉米收获机，先收 2 带 4 行玉米，再收大豆。如大豆、玉米同期成熟，可选用当地常用的 2 种收获机一前一后同步跟随收获作业。

（二）3＋4、4＋4 和 4＋6 模式

目前，常用的玉米收获机、谷物联合收割机改装型大豆收获机均可匹配，可根据不同行数选择适宜的收获机分步作业或跟随同步作业。

附件4 大豆玉米带状复合种植机械化收获减损技术指导意见

农业农村部农业机械化管理司

为加快大豆玉米带状复合种植全程机械化技术推广应用，针对部分地区机收经验不足、损失预期偏高等问题，聚焦3＋2（3行大豆＋2行玉米，下同）、4＋2（4行大豆＋2行玉米，下同）种植模式，制定了大豆玉米带状复合种植机械化收获减损技术指导意见，供各地参考。其他技术模式可参照应用。

一、适宜收获期确定

适期收获是机械化收获减损的关键，根据作物品种、成熟度、籽粒含水率及气候等条件，确定两种作物收获期，并适期收获，过早或过晚收获会对作物产量和品质造成不利影响。

（一）大豆适宜收获期

大豆适宜收获期是在黄熟期后至完熟期之间，此时大豆叶片脱落80％以上，豆荚和籽粒均呈现出原有品种的色泽，籽粒含水率下降到15％～25％，茎秆含水率为45％～55％，豆粒归圆，植株变成黄褐色，茎和荚变成黄色，用手摇动植株会发出清脆响声。大豆收获作业应选择早、晚露水消退时间段进行，避免产生"泥花脸"；应避开中午高温时段，减少收获炸荚损失。

（二）玉米适宜收获期

玉米适宜收获期在完熟期，此时玉米植株的中、下部叶片变黄，基部叶片干枯，果穗变黄，苞叶干枯呈黄白色而松散，籽粒脱水变硬乳线消失，微干缩凹陷，籽粒基部（胚下端）出现黑帽层，并呈现出品种固有的色泽。采用果穗收获，玉米籽粒含水率一般为25％～35％；采用籽粒直收方式，玉米籽粒含水率一般为15％～25％。

二、收获方式及适宜机型

根据大豆、玉米成熟顺序差异，收获方式可分为：先收大豆后收玉米方式、先收玉米后收大豆方式、大豆玉米分步同时收获方式等。根据种植模式、带宽行距、地块大小、作业要求选择适宜的收获机。

（一）先收大豆后收玉米方式

该方式适用于大豆先熟玉米晚熟地区，主要包括黄淮海、西北等地区间作方式。作业时，先选用适宜的窄幅宽大豆收获机进行大豆收获作业，再选用2行玉米收获机或常规玉米收获机（2行以上玉米收获机）进行玉米收获作业。

大豆收获机机型应根据大豆带宽和相邻两玉米带之间的带宽选择，轮式和履带式均可，应做到不漏收大豆、不碾压或夹带玉米植株。大豆收获机割台幅宽一般应大于大豆带宽度40厘米（两侧各20厘米）以上，整机外廓尺寸应小于相邻两玉米带带宽20厘米（两侧各10厘米）以上。以大豆玉米带间距70厘米、大豆行距30厘米为例，3+2种植模式应选择1米≤幅宽<1.7米、整机宽度<1.8米的大豆收获机，4+2种植模式应选择1.3米≤幅宽<2米、整机宽度<2.1米的大豆收获机。窄幅宽大豆收获机宜装配浮式仿形割台，幅宽2米以上大豆收获机宜装配专用挠性割台，割台离地高度<5厘米，实现贴地收获作业，使低节位豆荚进入割台，降低收获损失率。

玉米收获时，大豆已收获完毕，玉米收获机机型选择范围较大，可选用2行玉米收获机对行收获；也可选用当地常规玉米收获机减幅作业。

（二）先收玉米后收大豆方式

该方式适用于玉米先熟大豆晚熟地区，主要包括西南地区套作方式和长江流域、华北地区间作方式。作业时，先选用适宜的2行玉米收获机进行玉米收获作业，再选用窄幅宽大豆收获机或当地常规大豆收获机（幅宽2米以上）进行大豆收获作业。

玉米收获机机型应根据玉米带的行数、行距和相邻两大豆带之间的宽度选择，轮式和履带式均可，应做到不碾压或损伤大豆植株，以免造成炸荚、增加损失。玉米收获机轮胎（履带）外沿与大豆带距离一般应大于15厘米。以大豆玉米带间距70厘米、玉米行距40厘米的3+2和4+2种植模式为例，应选择轮胎（履带）外侧间距＜1.5米、整机宽度＜1.7米的2行玉米收获机；也可选用高地隙跨带玉米收获机，先收2带4行玉米。

大豆收获时，玉米已收获完毕，大豆收获机机型选择范围较大，可选用幅宽与大豆带宽相匹配的大豆收获机，幅宽应大于大豆带宽40厘米以上；也可选用当地常规大豆收获机减幅作业。

（三）大豆玉米分步同时收获方式

该方式适用于大豆、玉米同期成熟地区，主要包括西北、黄淮海等地区的间作方式。作业时，对大豆、玉米收获顺序没有特殊要求，主要取决于地块两侧种植的作物类别，一般分别选用大豆收获机和玉米收获机前后布局，轮流收获大豆和玉米，依次作业。因作业时一侧作物已经收获，对机型外廓尺寸、轮距等要求降低，可根据大豆种植幅宽和玉米行数选用幅宽匹配的机型，也可选用常规收获机减幅作业。

三、机具调整改造

（一）调整改造实现大豆收获

目前，市场上专用大豆收获机较少，可选用与工作幅宽和外廓尺寸相匹配的履带式谷物联合收割机进行调整改造。调整改造方式参照《大豆玉米带状复合种植配套机具调整改造指引》（农机科〔2022〕28号）。

（二）调整改造实现玉米收获

目前，常用的玉米收获机行距一般为60厘米左右，适用于大豆玉米带状复合种植40厘米小行距的玉米收获机机型较少。玉米收获作业时，行距偏差较大会增大落穗损失率或降低作业效率，可将割台换装或改装为适宜行距割台，也可换装不对行割台。对于植株分权较多的大豆品种，收获玉米时，应在玉米收获机割台两侧加装分离装置，分离玉米植株与两侧大豆植株，避免碾压大豆植株。

（三）加装辅助驾驶系统

如果播种时采用了北斗导航或辅助驾驶系统，收获时，先收作物对应收获机也应加装北斗导航或辅助驾驶系统，提高驾驶直线度，使机具沿行间精准完成作业，减少对两侧作物碾压和夹带，同时减少人工操作误差并降低劳动强度。如果播种时未采用北斗导航或辅助驾驶系统，收获时根据作物播种作业质量确定是否加装北斗导航或辅助驾驶系统，如播种作业质量好可加装，否则没有加装必要。

四、减损收获作业

（一）科学规划作业路线

对于大豆、玉米分期收获地块，如果地头种植了先熟作物，应先收地头先熟作物，方便机具转弯调头，实现往复转行收获，减少空载行驶；如果地头未种植先熟作物，作业时转弯调头应尽量借用田间道路或已收获完的周边地块。

对于大豆、玉米同期收获地块，应先收地头作物，方便机具转弯调头，实现往复转行收获，减少空载行驶；然后再分别选用大豆收获机和玉米收获机依次作业。

（二）提前开展调整试收

作业前，应依据产品使用说明书对机具进行一次全面检查与保养，确保机具技术状态良好；应根据作物种植密度、模式及田块地表状态等作业条件对收获机作业参数进行调整，并进行试收，试收作业距离以 30～50 米为宜。试收后，应检查先收作业是否存在碾压、夹带两侧作物现象，有无漏割、堵塞、跑漏等异常情况，对照作业质量标准检测损失率、破碎率、含杂率等。如作业效果欠佳，应再次对收获机进行适当调整和试收检验，直至作业质量优于标准，并达到满意的作业效果。

（三）合理确定作业速度

作业速度应根据种植模式、收获机匹配程度确定，禁止为追求作业效率而降低作业质量。如选用常规大型收获机减幅作业，应注意通过作业速度实时控制喂入量，使机器在额定负荷下工作，避免作业喂入量过小降低机具性能。大豆收获时，如大豆带田间杂草太多，应降低作业速度，减少喂入量，防止出现堵塞或含杂率过高等情况。

对于大豆先收方式，大豆收获作业速度应低于传统净作，一般控制在3～6千米/小时，可选用Ⅱ挡，发动机转速保持在额定转速，不能低转速下作业。若播种和收获环节均采用北斗导航或辅助驾驶系统，收获作业速度可提高至4～8千米/小时。玉米收获时，两侧大豆已收获完，可按正常作业速度行驶。

对于玉米先收方式，受两侧大豆植株以及玉米种植密度高的影响，玉米收获作业速度应低于传统净作，一般控制在3～5千米/小时。如采用行距大于55厘米的玉米收获机，或种植行距宽窄不一、地形起伏不定、早晚及雨后作物湿度大时，应降低作业速度，避免损失率增大。大豆收获时，两侧玉米已收获完，可按正常作业速度行驶。

（四）强化驾驶操作规范

大豆收获时，应以不漏收豆荚为原则，控制好大豆收获机割台高度，尽量放低割台，将割茬降至4～8厘米，避免漏收低节位豆荚。作业时，应将大豆带保持在幅宽中间位置，并直线行驶，避免漏收大豆或碾压、夹带玉米植株。应及时停车观察粮仓中大豆清洁度和尾筛排出秸秆夹带损失率，并适时调整风机风量。

玉米收获时，应严格对行收获，保证割道与玉米带平行，且收获机轮胎（履带）要在大豆带和玉米带间空隙的中间，避免碾压两侧大豆。作业时，应将割台降落到合适位置，使摘穗板或摘穗辊前部位于玉米结穗位下部30～50厘米处，并注意观察摘穗机构、剥皮机构等是否有堵塞情况。玉米先收时，应确保玉米秸秆不抛撒在大豆带，提高大豆收获机通过性和作业清洁度。

（五）妥善解决倒伏情况

复合种植倒伏地块收获时，应根据作物成熟期以及倒伏方向，规划好收获顺序和作业路线；收获机调整改造和作业注意事项可参照传统净作方式，此外为避免收获时倒伏带来的混杂，可加装分禾装置。

先收大豆时，可提前将倒伏在大豆带的玉米植株扶正或者移出大豆带，方便大豆收获作业，避免碾压玉米果穗造成损失，或混收玉米增大含杂率。

先收玉米时，如大豆和玉米倒伏方向一致，应选用调整改造后的玉米收获机对行逆收作业或对行侧收作业；如果大豆和玉米倒伏方向没有规律，可提前将倒伏在玉米带的大豆植株扶正或者移出玉米带，方便玉米收获作业，避免玉米收获机碾压倒伏大豆。

分步同时收获时，如果大豆和玉米倒伏方向一致，一般先收倒伏玉米，玉米收获后，倒伏在大豆带内的玉米植株减少，将剩余倒伏在大豆带的玉米植株扶正或者移出大豆带后，再开展大豆收获作业；如果大豆和玉米倒伏方向没有规律，可提前将倒伏在玉米带的大豆植株扶正或者移出玉米带，先收大豆再收玉米。

附件 5 适宜带状复合种植的
部分大豆品种介绍

地区	品种名称	品种描述
河北	冀豆 12	河北省农林科学院粮油作物所选育。株高 70～80 厘米，底荚高 18 厘米，短分枝数 3 个，紫花、灰毛，籽粒椭圆形，种皮黄色，种脐黄色，百粒重 22～24 克。中早熟高蛋白夏大豆品种，夏播生育期 100 天，有限结荚习性，植株塔形，抗倒伏、抗旱。高抗病毒病。籽粒蛋白质含量 46.48%，脂肪含量 17.07%。
	邯豆 13	邯郸市农业科学院选育。黄淮海夏大豆品种，生育期平均 107.0 天，与对照邯豆 5 号/齐黄 34 相当。株型收敛，有限结荚习性。株高 66.2 厘米，主茎 14.4 节，有效分枝数 14.4 个，底荚高度 12.5 厘米，单株有效荚数 38.2 个，单株粒数 83.8 粒，单株粒重 18.2 克，百粒重 22.5 克。卵圆叶，紫花、灰毛，籽粒椭圆形，种皮黄色、微光，种脐褐色。接种鉴定，抗花叶病毒病 3 号株系和 7 号株系，高感胞囊线虫病 2 号生理小种。籽粒粗蛋白质含量 39.09%，粗脂肪含量 21.14%。
	石 936	石家庄市农林科学研究院选育。属有限结荚习性。叶卵圆形，紫花，灰毛。夏播平均生育期 107 天左右，比对照冀豆 12 晚成熟 2 天。株高 74.1 厘米，底荚高 15.9 厘米，主茎 15.7 节，单株有效分枝数 2.1 个。单株有效荚 37.9 个，单荚粒数 2.6 个，百粒重 23.3 克。籽粒圆形，种皮黄色、微光，种脐褐色。田间抗病性中等。籽粒粗蛋白质（干基）含量 41.72%，粗脂肪（干基）含量 21.02%。
山西	金豆一号	山西金三鼎农业科技有限公司选育。金豆一号株型紧凑，株高 60～70 厘米，结荚高度 17.0～20 厘米，主茎节数 12.0 个左右，1～2 个分枝，单株荚数 30.3 个，单荚粒数 2.6 粒，长叶、紫花、灰毛。亚有限结荚习性，籽粒椭圆形，种皮黄色，脐黄色，百粒重 18～22 克，平均产量 2 766 千克/公顷。早熟，在山西北部地区春播平均生育期 110 天，中部地区夏播 95 天。

（续）

地区	品种名称	品种描述
山西	强峰一号	山西金三鼎农业科技有限公司选育。在山西大豆春播中晚熟区生育期127天，南部夏播区生育期101天。株高67.2厘米，主茎节数14.6节，有效分枝数5.0个，叶圆形，紫花，灰毛，亚有限结荚习性，单株荚数81.4个，籽粒椭圆形，种皮黄色，脐黄色，百粒重25.7克。籽粒粗蛋白质（干基）含量37.5%，粗脂肪（干基）含量20.72%。
山西	晋豆25	山西省农业科学院经济作物研究所选育。株型紧凑，株高50～85厘米，主茎节数14节左右，单株结荚17～26个，单株粒数44～56粒。茸毛棕色，花紫色，叶中圆，种皮黄色、有光泽、种脐黑色，籽粒圆形，百粒重18～24克。经农业农村部谷物品质监督检验测试中心分析：籽粒粗蛋白含量41.5%，粗脂肪含量21.84%。早熟，北部春播生育期110～115天，中部复播90天左右，无限结荚习性。抗旱、抗倒，耐水肥，丰产性好。抗病毒病。
内蒙古	蒙豆1137	呼伦贝尔市农业科学研究所选育。北方春大豆早熟品种，春播生育期平均119天，比对照克山1号晚熟1天。株型收敛，亚有限结荚习性。株高73.2厘米，主茎14.2节，有效分枝数0.1个，底荚高度15.8厘米，单株有效荚数25.6个，单株粒数60.2个，单株粒重10.8克，百粒重18.9克。尖叶，白花，灰色茸毛。籽粒圆形，种皮黄色、微光，种脐黄色。接种鉴定，中感花叶病毒病1号株系，中感花叶病毒病3号株系，抗灰斑病。籽粒粗蛋白质含量40.77%，粗脂肪含量19.53%。
内蒙古	登科5号	呼伦贝尔市种子管理站选育。幼苗：叶片绿色，下胚轴紫色。植株：株型收敛，株高68厘米，披针叶，紫色花冠、灰色茸毛，亚有限结荚习性，主茎节数16.4节，有效分枝数0.1个，单株有效荚27.6个。荚：弯镰形，熟色褐色。籽粒：圆形，种皮淡黄色，种脐黄色，百粒重19.0克。

（续）

地区	品种名称	品种描述
内蒙古	华疆 2 号	北安市华疆种业有限责任公司选育。该品种为无限结荚习性，株高 80～90 厘米，株型收敛，紫花、尖叶、灰毛，荚皮深褐色，三四粒荚多，籽粒圆形、浓黄、有光泽，百粒重 22 克左右，蛋白质含量 41.21%，脂肪含量 20.62%。接种鉴定，感灰斑病。在适应区，出苗至成熟生育日数 100 天左右，需≥10℃活动积温 1 950℃左右。
江苏	徐豆 18	江苏徐淮地区徐州农业科学研究所选育。生育期 104 天。株型半收敛，有限结荚习性。株高 73.2 厘米，主茎 18.7 节，有效分枝数 1.5 个，底荚高度 14.1 厘米，单株有效荚 38.3 个，单株粒数 75.7 粒，单株粒重 16.5 克，百粒重 21.4 克。卵圆叶，白花、灰毛。籽粒椭圆形，种皮黄色、微光，种脐褐色。接种鉴定，抗花叶病毒病 3 号和 7 号株系，高感胞囊线虫病 1 号生理小种。粗蛋白质含量 41.29%，粗脂肪含量 20.42%。
	苏豆 26	江苏省农业科学院经济作物研究所选育。夏大豆品种。植株直立，有限结荚习性，株型收敛，抗倒性好。叶片卵圆形，白花、棕毛。落叶性好，不裂荚。籽粒黄色、椭圆形、微光，种脐黑色，外观商品性较好。联合体区试平均结果：全生育期 100.5 天，与对照徐豆 13 相当。株高 56.2 厘米，结荚高度 15.2 厘米，主茎 14.4 节，有效分枝数 2.1 个，单株结荚 36.6 个，每荚 2.4 粒，百粒重 25.6 克。粗蛋白质含量 41.3%，粗脂肪含量 21.7%。中感大豆花叶病毒病 SC3 株系，抗 SC7 株系。
	苏豆 21	江苏省农业科学院经济作物研究所选育。中熟夏大豆品种。出苗较快，苗势较强。植株直立，有限结荚习性，抗倒性较好。幼茎基部绿色，叶片椭圆形，白花、棕毛。成熟时荚浅褐色，弯镰形。落叶性好，不裂荚。籽粒椭圆形、黄色、微光，种脐深褐色。联合体试验平均结果：生育期为 106 天，比对照徐豆 13 长 4 天。株高 58.5 厘米，结荚高度 12.0 厘米，有效分枝数 3.5 个，主茎节数 14.1 节，单株结荚 45.3 个，每荚 2.2 粒，百粒重 25.6 克。粗蛋白质含量 43.0%，粗脂肪含量 20.2%。抗大豆花叶病毒病 SC3 和 SC7 株系。

（续）

地区	品种名称	品种描述
安徽	洛豆 1 号	洛阳农林科学院选育。黄淮海夏大豆品种，夏播生育期平均109 天，比对照邯豆 5 号晚熟 5 天。株型收敛，有限结荚习性。株高 69.5 厘米，主茎 14.4 节，有效分枝数 2.7 个，底荚高度 14.4 厘米，单株有效荚数 44.9 个，单株粒数 79.7 粒，单株粒重 19.2 克，百粒重 23.9 克。卵圆叶，紫花、灰毛。籽粒椭圆形，种皮黄色、微光，种脐浅褐色。接种鉴定，中抗花叶病毒病 3 号株系，抗花叶病毒病 7 号株系，高感胞囊线虫病 1 号、2 号生理小种。粗蛋白质含量 41.79%，粗脂肪含量 19.1%。
	金豆 99	宿州市金穗种业有限公司选育。中熟夏大豆品种。有限结荚习性，紫花、灰毛，椭圆形叶片。籽粒椭圆、黄色、淡褐脐。成熟时全落叶，不裂荚，抗倒伏。平均株高 74.6 厘米，底荚高度 20.3 厘米，有效分枝数 2.1 个，单株荚数 32.5 个，单株粒数 75.4 粒，百粒重 22.0 克。全生育期 102 天左右，比对照品种（中黄 13）迟熟 3 天。粗蛋白质（干基）含量 41.11%，粗脂肪（干基）含量 18.60%。
	皖豆 37	安徽省农业科学院作物研究所选育。有限结荚习性，白花、灰毛，椭圆形叶片。籽粒椭圆形、黄色、褐脐。成熟时豆荚呈草黄色，全落叶，不裂荚，抗倒伏。平均株高 59.4 厘米，底荚高度 16.2 厘米，有效分枝数 1.1 个，单株荚数 33.2 个，单株粒数 67.7 粒，百粒重 20.3 克。全生育期 105 天左右，比对照品种（中黄 13）晚熟 4 天。粗蛋白质（干基）含量 38.26%，粗脂肪（干基）含量 21.62%。
山东	菏豆 33	菏泽市农业科学院选育。黄淮海夏大豆品种，生育期平均102 天，比对照中黄 13 晚熟 4.5 天。株型收敛，有限结荚习性。株高 62.7 厘米，主茎 14.1 节，有效分枝数 1.0 个，底荚高度 19.2 厘米，单株有效荚数 39.2 个，单株粒数 80.9 粒，单株粒重 18.5 克，百粒重 24.3 克。卵圆叶，白花、棕毛。籽粒椭圆形，种皮黄色、有光泽，种脐浅褐色。接种鉴定，抗花叶病毒病 3 号株系和 7 号株系，高感胞囊线虫病 2 号生理小种。粗蛋白质含量 43.40%，粗脂肪含量 19.37%。

（续）

地区	品种名称	品种描述
山东	圣豆 127	山东圣丰种业科技有限公司选育。有限结荚习性，株型收敛。区域试验结果：生育期 104 天，比对照菏豆 12 早熟 2 天；株高 92.8 厘米，有效分枝数 1.9 个，主茎 17.3 节；长叶、白花、棕毛、落荚、不裂荚；单株粒数 98.4 粒，籽粒圆形，种皮黄色、有光泽，种脐褐色，百粒重 21.0 克。粗蛋白质含量 41.3%，粗脂肪含量 20.6%。抗花叶病毒 3 号株系和 7 号株系。
山东	徐豆 18	江苏徐淮地区徐州农业科学研究所选育。生育期 104 天。株型半收敛，有限结荚习性。株高 73.2 厘米，主茎 18.7 节，有效分枝数 1.5 个，底荚高度 14.1 厘米，单株有效荚数 38.3 个，单株粒数 75.7 粒，单株粒重 16.5 克，百粒重 21.4 克。卵圆叶，白花、灰毛。籽粒椭圆形、种皮黄色、微光，种脐褐色。接种鉴定，抗花叶病毒病 3 号和 7 号株系，高感胞囊线虫病 1 号生理小种。粗蛋白质含量 41.29%，粗脂肪含量 20.42%。
河南	齐黄 34	山东省农业科学院作物研究所选育。黄淮海夏大豆品种，夏播生育期平均 105 天，比对照冀豆 12 晚熟 1 天。株型收敛，有限结荚习性。株高 87.6 厘米，主茎 17.1 节，有效分枝数 1.3 个，底荚高度 23.4 厘米，单株有效荚数 38.0 个，单株粒数 89.3 粒，单株粒重 23.1 克，百粒重 28.6 克。卵圆叶，白花、棕毛。籽粒椭圆形，种皮黄色、无光，种脐黑色。接种鉴定，高抗花叶病毒病 3 号株系，抗花叶病毒病 7 号株系，高感胞囊线虫病 1 号生理小种。粗蛋白质含量 43.07%，粗脂肪含量 19.71%。
河南	中黄 301	中国农业科学院作物科学研究所选育。黄淮海夏大豆品种，夏播生育期平均 98 天，比对照中黄 13 晚熟 3 天。株型收敛，有限结荚习性。株高 80.7 厘米，主茎 16.9 节，有效分枝数 1.9 个，底荚高度 15.1 厘米，单株有效荚数 54.6 个，单株粒数 110.7 粒，单株粒重 17.8 克，百粒重 16.2 克。卵圆叶，紫花、灰毛。籽粒椭圆形，种皮黄色、微光，种脐黄色。接种鉴定，抗花叶病毒病 3 号、7 号株系，中感胞囊线虫病 1 号生理小种，高感胞囊线虫病 2 号生理小种。粗蛋白质含量 43.57%，粗脂肪含量 19.87%。

附　　件

地区	品种名称	品种描述
河南	郑 1307	河南省农业科学院经济作物研究所选育。黄淮海夏大豆品种，夏播生育期 104 天，比对照品种中黄 13 晚熟 6 天，株型收敛，有限结荚习性。株高 75.9 厘米，主茎节数 17.7 个，有效分枝数 1.6 个，底荚高度 17.1 厘米，单株有效荚数 56.5 个，单株粒数 105.9 粒，百粒重 16.9 克。卵圆叶，紫花、灰毛。籽粒圆形，种皮黄色、有光泽，种脐褐色。中感花叶病毒 3 号株系，抗花叶病毒 7 号株系，高感胞囊线虫病 2 号生理小种。粗蛋白质含量 42.22%，粗脂肪含量 19.46%。
湖南	湘春 2704	湖南省作物研究所选育。粒用春大豆品种。生育期 105 天，比对照湘春豆 24 长 4 天。株高 51.8 厘米，有效分枝数 3.1 个，主茎节 11.3 个。株型收敛，有限结荚习性，白花、灰毛，单株有效荚数 27.8 个，单株粒数 58.1 粒，单株粒重 12.3 克，荚熟时褐色，底荚高度 8.9 厘米。籽粒椭圆形，种皮黄色，子叶黄色，种脐褐色，百粒重 21.6 克。抗大豆花叶病毒病、霜霉病、细菌性斑点病。粗蛋白质含量 39.60%，粗脂肪含量 21.93%。
湖南	南农 99-6	南京农业大学选育。生育期 117 天，亚有限结荚习性。株高 96.0 厘米，底荚高度 22.6 厘米，主茎节数 21.6 个，有效分枝数 1.6 个，单株荚数 43.8 个，单株粒重 18.6 克，百粒重 19.9 克。卵圆叶，白花、棕毛。种子圆形，种皮黄色，种脐深褐色。中抗花叶病毒病 3 号株系，中感花叶病毒病 7 号株系。粗蛋白质含量 41.48%，粗脂肪含量 20.41%。
湖南	桂夏 7 号	广西壮族自治区农业科学院经济作物研究所选育。热带亚热带夏大豆晚熟品种，夏播生育期平均 101 天，比对照华夏 3 号早熟 1 天。株型半开张，有限结荚习性。株高 80.3 厘米，主茎 15.5 节，有效分枝数 3.5 个，底荚高度 18.5 厘米，单株有效荚数 53.5 个，单株粒数 109.5 粒，单株粒重 17.5 克，百粒重 17.4 克。椭圆叶，紫花、棕毛。籽粒椭圆形，种皮黄色、微光，种脐褐色。感花叶病毒病 15 号株系，中感花叶病毒病 18 号株系。粗蛋白质含量 39.99%，粗脂肪含量 20.63%。

（续）

地区	品种名称	品种描述
广西	桂春15	广西壮族自治区农业科学院玉米研究所选育。春大豆品种。生育期101天，有限结荚习性，株型收敛，株高45.1厘米，主茎10.6节，有效分枝数2.6个，白花、灰毛。单株荚数33.3个，单株粒数70.1粒，籽粒椭圆，种皮黄色有光泽，种脐浅褐色，百粒重21.5克。落叶性好，适应性强，抗倒伏。适合与甘蔗、木薯等作物间套种。粗蛋白质含量为43.44%，粗脂肪含量19.57%。
	华春8号	华南农业大学农学院、国家大豆改良中心广东分中心选育。普通型春大豆品种，热带亚热带春播生育期平均97天，比对照华春2号早4天。株型收敛，有限结荚习性。株高50.3厘米，主茎10.6节，有效分枝数2.6个，底荚高度9.9厘米，单株有效荚数29.3个，单株粒数62.2粒，单株粒重12.8克，百粒重21.8克。椭圆叶，紫花、棕毛。籽粒椭圆形，种皮黄色、微光，种脐深褐色。接种鉴定，中感花叶病毒病18号株系，感花叶病毒病15号株系，中抗炭疽病。粗蛋白质含量44.39%，粗脂肪含量19.53%。
	桂夏7号	广西壮族自治区农业科学院经济作物研究所、玉米研究所选育。热带亚热带夏大豆晚熟品种。夏播生育期平均101天，比对照华夏3号早熟1天。株型半开张，有限结荚习性。株高80.3厘米，主茎15.5节，有效分枝数3.5个，底荚高度18.5厘米，单株有效荚数53.5个，单株粒数109.5粒，单株粒重17.5克，百粒重17.4克。椭圆叶，紫花、棕毛。籽粒椭圆形，种皮黄色、微光，种脐褐色。接种鉴定，感花叶病毒病15号株系，中感花叶病毒病18号株系。粗蛋白质含量39.99%，粗脂肪含量20.63%。
重庆	渝豆11	重庆市农业科学院选育。属南方春大豆品种。春播全生育期平均96.4天，比对照浙春3号短0.8天。株高适中，株型半开张，亚有限结荚习性。株高61.4厘米，始荚高13.7厘米，平均每株分枝数4.3个，单株荚数32.3个，单株粒数68.5粒，百粒重20.4克。叶片椭圆形，白花、灰毛。籽粒黄皮、深褐脐、椭圆形。中抗花叶病毒病。粗蛋白质含量45.7%，粗脂肪含量17.9%。

附　　件

（续）

地区	品种名称	品种描述
重庆	油春 1204	中国农业科学院油料作物研究所选育。长江流域春大豆品种。春播生育期平均 103 天，比对照天隆一号晚 3 天。株型收敛，有限结荚习性。株高 68.0 厘米，底荚高度 14.4 厘米，主茎节数 13.1 个，有效分枝数 3.1 个，单株有效荚数 30.1 个，单株粒数 63.9 粒，单株粒重 12.7 克，百粒重 20.4 克。椭圆形叶，白花、灰毛。籽粒扁椭圆形，种皮黄色、无光泽，种脐黄色。接种鉴定，中抗花叶病毒病 3 号株系，抗花叶病毒病 7 号株系，中感炭疽病。粗蛋白质含量 43.15%，粗脂肪含量 20.05%。
四川	南夏豆 25	南充市农业科学院选育。区试夏播全生育期平均 134 天，比对照贡选 1 号早熟 2 天。有限结荚习性，叶卵圆形，白花、棕毛。株高平均 67.5 厘米，主茎节数 14.5 个，有效分枝数 3.5 个，株荚数 42.4 个，株粒数 70.5 粒，每荚粒数 1.7 粒，株粒重 16.3 克。种子椭圆形，种皮黄色，种脐褐色，百粒重 24.9 克，完全粒率 95.5%。感病毒病 0.3 级。粗蛋白质含量 49.1%，粗脂肪含量 17.5%。
四川	南夏豆 38	南充市农业科学院选育。夏大豆品种。有限结荚习性，下胚轴花青苷无显色，花冠白色，茸毛棕色，成熟荚呈中等褐色，籽粒椭圆形，种皮中等黄色，子叶黄色，种脐褐色。四川省两年区试：夏播平均全生育期 120.5 天，比对照南夏豆 25 早熟 2.3 天；株高 79.4 厘米，主茎节数 17.2 个，有效分枝数 2.3 个，单株有效荚数 40.5 个，株粒数 72.1 粒，荚粒数 1.8 粒，株粒重 15.0 克，百粒重 22.4 克，完全粒率 90.5%。抗性接种鉴定，中感 SC3 和 SC7 大豆花叶病毒生理小种。粗蛋白质含量 42.6%，粗脂肪含量 21.0%。
四川	贡秋豆 5 号	自贡市农业科学研究所选育。南方夏大豆，中晚熟品种，生育日数 139 天。植株繁茂，茎秆粗壮，田间中抗大豆花叶病毒病，属落叶型品种。有限结荚习性，株型收敛，株高 85.0 厘米，有效分枝数 5.1 个，单株荚数 53.8 个，单株粒数 88.2 个。叶片大，椭圆形，紫花、棕毛。粒椭圆形，种皮黄色，种脐深褐色，百粒重 27.2 克。粗蛋白质含量 46.70%，粗脂肪含量 18.70%。

（续）

地区	品种名称	品种描述
四川	川农夏豆 3 号	四川农业大学选育。有限结荚习性，下胚轴花青苷显色，花冠紫色，茸毛灰色，成熟荚呈浅褐色，落叶性较好，籽粒椭圆形，种皮中等黄色，子叶黄色，种脐浅褐色。四川省套作大豆特殊类型试验两年区试：平均全生育期 127.0 天，比对照贡选 1 号早熟 1.0 天；株高 70.5 厘米，主茎节数 13.6 个，有效分枝数 4.4 个，单株有效荚数 65.7 个，株粒数 118.7 粒，荚粒数 1.8 粒，株粒重 16.9 克，百粒重 14.5 克，完全粒率 96.7%。植株倒伏率 17.0%。中感 SC3 和 SC7 大豆花叶病毒生理小种。粗蛋白质含量 44.9%。
贵州	黔豆 10 号	贵州省油料研究所选育。普通型春大豆品种，西南山区春播生育期平均 113 天，比对照品种滇豆 7 号早 13 天。株型收敛，有限结荚习性。株高 54.5 厘米，底荚高度 10.6 厘米，主茎节数 12.7 个，有效分枝数 3.1 个，单株有效荚数 48.4 个，单株粒数 98.4 粒，单株粒重 16.6 克，百粒重 18.3 克。椭圆叶、紫花、灰毛。籽粒椭圆形，种皮黄色、有微光泽，种脐褐色。接种鉴定，中感花叶病毒病 3 号株系，中抗花叶病毒病 7 号株系。粗蛋白质含量 41.57%，粗脂肪含量 19.23%。
	黔豆 12	贵州省油料研究所选育。属春大豆，全生育期为 114.2 天。紫花、灰毛，有限结荚习性。株高 50.5 厘米，底荚高度 9.9 厘米，主茎节数 12.9 个，有效分枝数 1.9 个，单株荚数 36.4 个，单株粒数 65.1 粒，单株粒重 13.9 克，百粒重 24.1 克，完全粒率 85.1%，种皮黄、子叶黄色，种脐褐色。粗蛋白质含量为 43.76%，粗脂肪含量为 19.20%。感大豆花叶病毒（SMV）程度极轻，不倒伏、不裂荚，落叶性较好。
	安豆 5 号	贵州省安顺市农业科学研究所选育。该品种生育期 125 天。紫花、灰毛，成熟荚淡褐色。株高 53.5 厘米，底荚高度 9.2 厘米，主茎节数 13.8 个，有效分枝数 3.0 个，单株荚数 39.4 个，百粒重 23.7 克。种皮黄色，种脐淡褐色。中感花叶病毒病 3 号株系，高感花叶病毒病 7 号株系。粗蛋白质含量 45.00%，粗脂肪含量 18.57%。

（续）

地区	品种名称	品种描述
云南	滇豆 7 号	云南省农业科学院粮食作物研究所选育。该品种生育期 132 天，有限结荚习性。株高 63.1 厘米，底荚高度 9.7 厘米，主茎节数 13.4 个，有效分枝数 3.4 个，单株荚数 47.3 个，单株粒重 19.1 克，百粒重 22.1 克。卵圆叶，白花、棕毛。籽粒椭圆形，种皮黄色，种脐黑色。中感花叶病毒病 3 号和 7 号株系。粗蛋白质含量 44.50%，粗脂肪含量 20.31%。
	云黄 12	云南省农业科学院粮食作物研究所选育。全生育期 113 天，株高 60.8 厘米，有效分枝数 3.4 个，单株有效荚数 46 荚，单株粒数 99.1 粒，单株产量 19.5 克，百粒重 21.4 克。病害鉴定结果：大豆花叶病毒病为高抗（HR）。粗脂肪含量 18.7%，粗蛋白质含量 38.0%，干物质含量 90.6%。
	云黄 13	云南省农业科学院粮食作物研究所选育。生育期 121 天。株高 73.2 厘米，有效分枝数 4.5 个，单株有效结荚 44.1 荚，单株粒数 94 粒，单株产量 22.0 克，百粒重 24.5 克。株型收敛。叶片卵圆形，白花、灰毛。荚型丰满，荚熟色为褐色。籽粒椭圆形，种皮黄色，种脐黑色，强光泽，不裂荚。粗脂肪含量 19.5%，粗蛋白质含量 37.6%。大豆花叶病毒病为抗。
陕西	齐黄 34	山东省农业科学院作物研究所选育。黄淮海夏大豆品种，夏播生育期平均 105 天，比对照冀豆 12 晚熟 1 天。株型收敛，有限结荚习性。株高 87.6 厘米，主茎 17.1 节，有效分枝数 1.3 个，底荚高度 23.4 厘米，单株有效荚数 38.0 个，单株粒数 89.3 粒，单株粒重 23.1 克，百粒重 28.6 克。卵圆叶，白花、棕毛。籽粒椭圆形，种皮黄色、无光，种脐黑色。接种鉴定，高抗花叶病毒病 3 号株系，抗花叶病毒病 7 号株系，高感胞囊线虫病 1 号生理小种。粗蛋白质含量 43.07%，粗脂肪含量 19.71%。
	中黄 318	中国农业科学院作物科学研究所选育。春播生育期平均 137 天，比对照陇豆 2 号早熟 4～5 天。株型半开张，有限结荚习性。株高 85 厘米，主茎 15.3 节，有效分枝数 2.5～4.8 个，底荚高度 15.5 厘米，单株有效荚数 46～50 个，单株粒重 25 克，百粒重 23.5 克。叶椭圆形，紫花、棕毛。籽粒椭圆形，种皮黄色、有光泽，种脐黑色。抗花叶病毒病，中抗灰斑病。粗蛋白质含量 38.63%，粗脂肪含量 20.83%。

（续）

地区	品种名称	品种描述
陕西	金豆228	陕西高农种业有限公司选育。两年区试平均生育期110.5天。有限结荚，茎秆坚硬直立，节间长度2～5厘米，在常规密度条件下的单株分枝数1～3个，主茎16～18节，株高60～70厘米。叶形椭圆，叶色绿，白花，成熟荚色黄褐。单株结荚40个，每荚2～3粒，单株90粒，粒形扁圆，粒色淡黄，脐色浅褐，百粒重20～25克，品质较好。抗病性好，稳产性好，高抗倒伏，耐密性好。抗褐斑病，高抗病毒病。粗蛋白质含量48.72%，粗脂肪含量17.74%。
甘肃	铁豆82	铁岭市农业科学院选育。株高86.9厘米，亚有限结荚习性，株型收敛。分枝数2.6个，主茎节数17.6个。叶披针形，花紫色，茸毛灰色，荚熟淡褐色。单株荚数57.7个，单荚粒数2～3个，籽粒椭圆形，种皮黄色、有光泽，种脐黄色，百粒重21.6克。粗蛋白质含量平均为41.04%，籽粒粗脂肪含量平均为21.84%。辽宁省春播生育期124天左右，与对照铁豆43同熟期，属早熟品种。中感大豆花叶病毒病I号株系。经田间鉴定，褐斑粒率0.2%，紫斑粒率0.1%，无霜霉粒，虫食粒率1.8%，未熟粒率0.5%，完整粒率96.7%。
	冀豆17	河北省农林科学院粮油作物研究所选育。生育期平均135天，比对照晋豆19晚6天。株型收敛，无限结荚习性。株高93厘米，主茎17.7节，有效分枝数2.4个，底荚高度15.6厘米，单株有效荚数52.9个，单株粒数125.3粒，单株粒重25.3克，百粒重19.5克。圆叶，白花、棕毛。籽粒圆形，种皮黄色、微光，种脐黑色。中感花叶病毒病3号株系和7号株系，高感胞囊线虫病1号生理小种。粗蛋白质含量38.26%，粗脂肪含量21.68%。
	陇中黄603	甘肃省农业科学院作物研究所、中国农业科学院作物科学研究所选育。幼茎紫色，叶片绿色，白色花，棕色茸毛，椭圆叶，亚有限结荚习性，株高95厘米。有效分枝数3.6～5.3个，单株结荚70个，单株粒重30克，籽粒椭圆形，种皮黄色、有光泽，种脐褐色，百粒重25克。粗蛋白质含量41.7%、粗脂肪含量19.31%。生育期135～142天。抗大豆花叶病毒病，中抗灰斑病。

地区	品种名称	品种描述
宁夏	宁豆6号	宁夏农林科学院农作物研究所选育。幼茎紫色，株高103厘米，株型收敛，有效分枝数1.3个。卵圆叶，紫花、棕毛。无限结荚习性，成熟不裂荚，落叶性好。底荚高16.13厘米，单株结荚54个，单株粒数124粒，单株粒重24.1克，百粒重19.5克，黄粒、褐脐、椭圆粒，种皮有光。粗蛋白质含量32.8%，粗脂肪含量17.8%。生育期136天，属晚熟品种。
	中黄30	中国农业科学院作物科学研究所选育。该品种平均生育期124天，株高63.8厘米，单株有效荚数48.1个，百粒重18.1克。圆叶，紫花，有限结荚习性。种皮黄色，褐脐，籽粒圆形。经接种鉴定，表现为中感大豆花叶病毒病Ⅰ号株系、Ⅲ号株系，中抗大豆灰斑病。粗蛋白质含量39.53%，粗脂肪含量21.44%。
	垦豆62	北大荒垦丰种业股份有限公司、黑龙江省农垦科学院农作物开发研究所选育。抗病品种，在适应区出苗至成熟生育日数118天左右，需≥10℃活动积温2 350℃左右。无限结荚习性。株高95厘米左右，有分枝，白花，尖叶，灰色茸毛，荚弯镰形，成熟时呈褐色。种子圆形，种皮黄色，种脐黄色，有光泽，百粒重19.0克左右。粗蛋白质含量40.03%，粗脂肪含量20.65%。抗灰斑病。

附件6 适宜带状复合种植的部分玉米品种介绍

地区	品种名称	品种描述
河北	农大 372	宋同明选育。幼苗叶鞘浅紫色。成株株型紧凑，株高 294 厘米，穗位 113 厘米。生育期 127 天左右。雄穗分枝 9～12 个，花药浅紫色，花丝绿色。果穗筒形，穗轴红色，穗长 20.7 厘米，穗行数 14～16 行，秃尖 0.9 厘米。籽粒黄色，半马齿型，千粒重 400.2 克，出籽率 86.5%。容重 757 克/升，粗淀粉（干基）含量 73.27%，粗蛋白质（干基）含量 9.24%，粗脂肪（干基）含量 3.37%，赖氨酸（干基）含量 0.25%。抗茎腐病、大斑病、弯孢叶斑病、玉米螟，感丝黑穗病。
	伟科 702	郑州伟科作物育种科技有限公司、河南金苑种业有限公司选育。东华北春玉米区出苗至成熟 128 天，西北春玉米区出苗至成熟生育期 131 天，黄淮海夏播区出苗至成熟 100 天。幼苗叶鞘紫色，叶片绿色，叶缘紫色，花药黄色，颖壳绿色。株型紧凑，保绿性好，株高 252～272 厘米，穗位 107～125 厘米，成株叶片数 20 片。花丝浅紫色，果穗筒形，穗长 17.8～19.5 厘米，穗行数 14～18 行，穗轴白色，籽粒黄色、半马齿型，百粒重 33.4～39.8 克。容重 733～770 克/升，粗蛋白质含量 9.14%～9.64%，粗脂肪含量 3.38%～4.71%，粗淀粉含量 72.01%～74.43%，赖氨酸含量 0.28%～0.30%。
	纪元 128	河北新纪元种业有限公司育种。幼苗叶鞘紫色。成株株型半紧凑，株高 226 厘米，穗位 105 厘米。生育期 105 天左右。雄穗分枝 5～8 个，花药黄色，花丝浅紫色。果穗筒形，穗轴白色，穗长 17.8 厘米，穗行数 14～16 行，秃尖 0.9 厘米。籽粒黄色、硬粒型，千粒重 373.5 克，出籽率 81.8%。容重 782 克/升，粗淀粉（干基）含量 73.46%，粗蛋白质（干基）含量 9.39%，粗脂肪（干基）含量 3.76%。高抗小斑病，中抗禾谷镰孢茎腐病，感禾谷镰孢穗腐病，高感瘤黑粉病、弯孢叶斑病。

（续）

地区	品种名称	品种描述
山西	君实618	山西君实种业科技有限公司选育。在山西春播早熟玉米区生育期130天，与对照大丰30相当。幼苗第一叶叶鞘紫色，叶尖端尖形，叶缘绿色。株型半紧凑，总叶片数20片，株高276厘米，穗位高96厘米，花药绿色，颖壳紫色，花丝绿色。果穗锥形，穗轴粉红色，穗长19.5厘米，穗行18行左右，行粒数38粒。籽粒黄色、马齿型，百粒重35.8克，出籽率86.9%。
山西	大丰26	山西大丰种业有限公司选育。幼苗第一叶圆勺形，生长势强，叶鞘花青苷显色强，叶色深绿，叶缘紫色，叶背有紫晕。株型紧凑，气生根发达，株高280厘米，穗位高110厘米，叶片数21片，雄穗分枝5～7个，花药紫色，花丝由青到粉色。果穗筒形，穗长20厘米，穗行数16行，穗轴白色，行粒数38粒。籽粒黄红色、半硬粒型，百粒重38.1克，出籽率87.0%。
山西	东单1331	辽宁东亚种业有限公司选育。东华北中晚熟青贮玉米组出苗至收获期118.5天，比对照雅玉青贮26早熟7天。幼苗叶鞘紫色，叶片绿色，叶缘紫色，花药浅紫色，颖壳绿色。株型半紧凑，株高307厘米，穗位高121厘米，成株叶片数19片。果穗筒形，穗长22厘米，穗行数16～18行，穗粗5厘米，穗轴红色。籽粒黄色、半马齿型，百粒重38.1克。中抗大斑病、茎腐病，感丝黑穗病、灰斑病。全株粗蛋白质含量8.2%，淀粉含量29.75%，中性洗涤纤维含量39.35%，酸性洗涤纤维含量18.9%。
内蒙古	A6565	中种国际种子有限公司选育。北方极早熟春玉米组出苗至成熟119.6天，比对照德美亚1号晚熟0.15天。幼苗叶鞘紫色，花药浅紫色，颖壳绿色，花丝浅紫色。株型紧凑，株高256厘米，穗位高93厘米，穗长18厘米，穗行数14～20行。果穗筒形，穗轴红。籽粒黄色、偏马齿型，百粒重30.15克。感大斑病，中抗丝黑穗病、灰斑病、茎腐病、穗腐病。籽粒容重731克/升，粗蛋白质含量9.08%，粗脂肪含量4.11%，粗淀粉含量74.36%，赖氨酸含量0.26%。

（续）

地区	品种名称	品种描述
内蒙古	金博士806	河南金博士种业股份有限公司选育。在东华北中早熟春玉米区出苗至成熟123天，比对照品种吉单27晚熟1天。幼苗叶鞘紫色，叶片绿色，花药浅紫色。株型半紧凑，株高298厘米，穗位115厘米。成株叶片数19片。花丝绿色。果穗中间型，穗长20.3厘米，穗行数为16～18行，穗轴红色。籽粒黄色、半马齿型，百粒重35.1克，出籽率88.1%。高抗镰孢茎腐病，抗大斑病，中抗丝黑穗病、镰孢穗腐病，感灰斑病。籽粒容重746克/升，粗蛋白质含量8.12%，粗脂肪含量4.18%，粗淀粉含量71.84%。
	MY73	河南省豫玉种业股份有限公司、河南省彭创农业科技有限公司育种。黄淮海夏玉米组出苗至成熟101天，比对照郑单958早熟1.3天。幼苗叶鞘紫色，花药绿色，株型紧凑，株高238厘米，穗位高94厘米，成株叶片数20片。果穗筒形，穗长16.6厘米，穗行数16～18行，穗粗4.8厘米，穗轴白色。籽粒黄色、硬粒，百粒重32.5克。抗茎腐病，中抗小斑病、弯孢叶斑病、瘤黑粉病、南方锈病，感穗腐病。籽粒容重798克/升，粗蛋白质含量10.57%，粗脂肪含量4.08%，粗淀粉含量72.14%，赖氨酸含量0.33%。
江苏	江玉877	宿迁中江种业有限公司选育。幼苗叶鞘紫色，子叶椭圆形，叶色深绿，叶缘绿色，生长势强。株型半紧凑，茎秆粗壮。成株叶色深绿，颖片紫色，花药紫色，花丝紫红色。果穗筒形，穗轴红色。籽粒黄色，半马齿型。区试平均结果：株高246厘米，成株叶片19片，穗位高96厘米。穗长18.4厘米，穗粗5.0厘米，秃尖长1.5厘米，每穗15.5行，每行33粒。千粒重324克，出籽率86.5%。全生育期102天。倒伏率0.3%。中抗大斑病、小斑病、茎腐病，高感纹枯病、粗缩病。容重736克/升，粗蛋白质含量8.52%，粗脂肪含量3.74%，粗淀粉含量76.65%，赖氨酸含量0.29%。

（续）

地区	品种名称	品种描述
江苏	明天 695	江苏明天种业科技股份有限公司选育。黄淮海夏玉米组出苗至成熟 103.5 天，比对照郑单 958 早熟 0.3 天。幼苗叶鞘紫色，叶片深绿色，叶缘绿色，花药浅紫色，颖壳浅紫色。株型紧凑，株高 270 厘米，穗位高 99 厘米，成株叶片数 19 片。果穗长筒形，穗长 18.4 厘米，穗行数 14～16 行，穗粗 5.2 厘米，穗轴红。籽粒黄色、马齿型，百粒重 38.5 克。中抗茎腐病、小斑病，感南方锈病，高感穗腐病、弯孢叶斑病、瘤黑粉病。籽粒容重 736 克/升，粗蛋白质含量 8.96%，粗脂肪含量 3.79%，粗淀粉含量 74.47%，赖氨酸含量 0.30%。
	迁玉 180	江苏省农业科学院宿迁农科所选育。中熟普通玉米。幼苗叶鞘紫色，叶片绿色，叶缘绿色，生长势较强。株型半紧凑，茎秆粗壮，成株叶片绿色。花药黄色，颖片浅黄色，花丝浅红色。果穗筒形，穗轴浅红色。籽粒黄色，半马齿型。全生育期 105.1 天，比对照郑单 958 长 1.9 天。株高 239.2 厘米，穗位高 100.2 厘米。穗长 20.1 厘米，穗粗 4.7 厘米，秃尖长 0.8 厘米，每穗 14.8 行，每行 36.0 粒。千粒重 367.1 克，出籽率 84.4%。空秆率 1.5%，倒伏倒折率 3.1%。高抗小斑病，中抗大斑病、腐霉茎腐病，感纹枯病、瘤黑粉病，高感南方锈病。容重 754 克/升，粗蛋白质含量 9.87%，粗脂肪含量 4.28%，粗淀粉含量 72.36%，赖氨酸含量 0.26%。
安徽	中农大 678	中国农业大学选育。黄淮海夏玉米组出苗至成熟 102 天，比对照郑单 958 早熟 0.5 天。幼苗叶鞘紫色，叶片绿色，叶缘紫色，花药紫色，颖壳绿色。株型紧凑，株高 256 厘米，穗位高 97 厘米，成株叶片数 20 片。果穗筒形，穗长 17.3 厘米，穗行数 12～18 行，穗轴红。籽粒黄色、马齿型，百粒重 34.85 克。抗茎腐病，中抗小斑病，感弯孢叶斑病、南方锈病，高感穗腐病、瘤黑粉病。容重 760 克/升，粗蛋白质含量 10.06%，粗脂肪含量 3.71%，粗淀粉含量 76.25%，赖氨酸含量 0.28%。

（续）

地区	品种名称	品种描述
安徽	浚单 658	鹤壁市农业科学院、湖北国油种都高科技有限公司选育。黄淮海夏玉米组出苗至成熟 101.5 天，比对照郑单 958 早熟 0.5 天。幼苗叶鞘紫色，叶片绿色，叶缘绿色，花药浅紫色。株型紧凑，株高 249 厘米，穗位高 98 厘米，成株叶片数 20 片。果穗长筒形，穗长 17.3 厘米，穗行数 12～18 行，穗轴红。籽粒黄色、半马齿型，百粒重 34.1 克。抗茎腐病，高感穗腐病、瘤黑粉病，中抗小斑病，感弯孢叶斑病。籽粒容重 735 克/升，粗蛋白质含量 8.74%，粗脂肪含量 4.26%，粗淀粉含量 75.71%，赖氨酸含量 0.26%。
	安农 591	安徽农业大学选育。幼苗叶鞘紫色，株型半紧凑，成株叶片数 19～20 片，叶片分布稀疏，叶色浓绿。雄穗分支中等，花药黄色。籽粒黄色硬粒型，穗轴白色。平均株高 254 厘米，穗位高 102 厘米，穗长 16.9 厘米，穗粗 4.8 厘米，秃顶 0.6 厘米，穗行数 15.5，行粒数 33.7 粒，出籽率 88%，千粒重 339 克。抗高温热害 3 级（相对空秆率平均 2.7%）。全生育期 101 天左右。中抗小斑病、茎腐病，抗南方锈病，感纹枯病。粗蛋白质（干基）含量 10.14%，粗脂肪（干基）含量 4.43%，粗淀粉（干基）含量 69.49%。
山东	登海 605	山东登海种业股份有限公司选育。在黄淮海地区出苗至成熟 101 天，需有效积温 2 550℃左右。幼苗叶鞘紫色，叶片绿色，叶缘绿带紫色，花药黄绿色，颖壳浅紫色。株型紧凑，株高 259 厘米，穗位高 99 厘米，成株叶片数 19～20 片。花丝浅紫色，果穗长筒形，穗长 18 厘米，穗行数 16～18 行，穗轴红色。籽粒黄色、马齿型，百粒重 34.4 克。高抗茎腐病，中抗玉米螟，感大斑病、小斑病、矮花叶病和弯孢菌叶斑病，高感瘤黑粉病、褐斑病和南方锈病。籽粒容重 766 克/升，粗蛋白质含量 9.35%，粗脂肪含量 3.76%，粗淀粉含量 73.40%，赖氨酸含量 0.31%。

（续）

地区	品种名称	品种描述
山东	郑单 958	河南省农业科学院粮食作物研究所选育。属中熟玉米杂交种，夏播生育期 96 天左右。幼苗叶鞘紫色，生长势一般，株型紧凑，株高 246 厘米左右，穗位高 110 厘米左右，雄穗分枝中等，分枝与主轴夹角小。果穗筒形，有双穗现象，穗轴白色，果穗长 16.9 厘米，穗行数 14～16 行，行粒数 35 个左右。结实性好，秃尖轻。籽粒黄色、半马齿型，千粒重 307 克，出籽率 88%～90%。抗大斑病、小斑病和黑粉病，高抗矮花叶病，感茎腐病，抗倒伏，较耐旱。籽粒粗蛋白质含量 9.33%，粗脂肪含量 3.98%，粗淀粉含量 73.02%，赖氨酸含量 0.25%。
	豫单 9953	河南农业大学选育。黄淮海夏玉米组出苗至成熟 99.5 天，比对照郑单 958 早熟 3 天。幼苗叶鞘紫色，叶片绿色，叶缘绿色，花药浅紫色，颖壳浅紫色。株型紧凑，株高 254 厘米，穗位高 89 厘米，成株叶片数 19 片。果穗筒形，穗长 16.6 厘米，穗行数 16～18 行，穗轴红。籽粒黄色、半马齿型，百粒重 31.55 克。中抗茎腐病、小斑病，感穗腐病、弯孢叶斑病、南方锈病，高感粗缩病、瘤黑粉病。籽粒容重 763 克/升，粗蛋白质含量 11.85%，粗脂肪含量 4.57%，粗淀粉含量 72.31%，赖氨酸含量 0.29%。
河南	德单 5 号	北京德农种业有限公司选育。夏播生育期 100 天。株型紧凑，全株叶片 21 片，株高 257 厘米，穗位高 110～121 厘米。幼苗叶鞘紫色，第一叶尖端圆倒匙形，第四叶叶缘紫色。雄穗分枝数中等，雄穗颖壳浅紫色，花药黄色，花丝绿色。果穗筒形，穗长 14.5～15 厘米，穗粗 4.9～5 厘米，穗行数 14.9～15.1 行，行粒数 33.5～34.7 粒。黄粒、白轴、半马齿型，千粒重 294.7～311.6 克，出籽率 89.5%～90%。粗蛋白质含量 10.18%，粗脂肪含量 4.26%，粗淀粉含量 72.18%，赖氨酸含量 0.336%，容重 742 克/升。高抗大斑病，抗矮花叶病，中抗小斑病、弯孢菌叶斑病，感瘤黑粉病、茎腐病，高抗玉米螟。

（续）

地区	品种名称	品种描述
河南	登海 618	山东登海种业股份有限公司选育。黄淮海夏玉米区出苗至成熟 99 天左右，比郑单 958 早 3 天。幼苗叶鞘紫色，叶片深绿色，叶缘紫色，花药浅紫色，颖壳绿色。株型紧凑，株高 250 厘米，穗位 82 厘米，成株叶片数 19 片。花丝浅紫色，果穗筒形，穗长 17～18 厘米，穗行数平均 14.7 行，穗轴紫色。籽粒黄色、马齿型，百粒重 32.8 克。抗小斑病、穗腐病，中抗茎腐病，感弯孢叶斑病、粗缩病，高感瘤黑粉病。粗蛋白质含量 10.5%，粗脂肪含量 3.7%，赖氨酸含量 0.35%，粗淀粉含量 72.9%。
	丰德存玉10 号	河南丰德康种业有限公司选育。黄淮海夏玉米组出苗至成熟 100 天，比对照郑单 958 早熟 2.5 天。幼苗叶鞘紫色，叶片绿色，叶缘紫色，花药绿，颖壳绿色。株型半紧凑，株高 247 厘米，穗位高 93 厘米，成株叶片数 19 片。果穗短筒形，穗长 16.6 厘米，穗行数 16～18 行，穗粗 5.05 厘米，穗轴红色。籽粒黄色、半马齿型，百粒重 33.6 克。籽粒容重 746 克/升，粗蛋白质含量 11.01%，粗脂肪含量 3.69%，粗淀粉含量 71.74%，赖氨酸含量 0.28%。感茎腐病、弯孢叶斑病，高感穗腐病、粗缩病、瘤黑粉病、南方锈病，中抗小斑病。
湖南	同玉 18	四川同路农业科技有限责任公司选育。区试结果：生育期 106 天。幼苗叶鞘紫色，叶片深绿色，株型半紧凑。株高 266.3 厘米，穗位高 114.2 厘米，全株叶片数 20 片，果穗长锥形，轴色红色，穗长 19.6 厘米，秃尖长 1.1 厘米，穗粗 5.1 厘米，穗行数 16.5 行，行粒数 39.0 粒。籽粒马齿型，粒色浅黄色，百粒重 33.8 克。田间表现较抗大、小斑病和纹枯病，抗倒性较好。全籽粒粗蛋白质含量 8.54%，粗脂肪含量 4.68%，粗淀粉含量 73.74%，赖氨酸含量 0.25%，容重 715 克/升。

（续）

地区	品种名称	品种描述
湖南	湘荟玉1号	湖南农业大学、科荟种业股份有限公司选育。在湖南省作春玉米种植，生育期109.4天，比对照洛玉1号长2.9天。幼苗叶鞘紫色，株型半紧凑，株高252.2厘米，穗位高93.7厘米。果穗长锥形，穗长18.1厘米，秃尖长0.4厘米，穗粗4.8厘米，穗行数16.5行，行粒数35.4粒，穗轴粉红色。籽粒半马齿型、黄色，百粒重30.4克。空秆率1.8%，无倒伏、倒折。感纹枯病、抗小斑病、茎腐病。籽粒容重798克/升，粗蛋白质含量9.39%，粗脂肪含量5.16%，粗淀粉含量70.63%，赖氨酸含量0.31%。
	洛玉1号	河南省洛阳市农业科学研究所选育。湖南春播生育期108天左右。幼苗第一叶尖端圆形，幼苗叶鞘紫色，叶片淡绿色，株型半紧凑。成株叶片深绿色，株高255厘米左右，穗位高100厘米左右，成株叶片数19～21片。果穗长筒形，穗长20厘米左右，秃顶度0.8厘米左右，穗粗5.1厘米左右，穗行数14～16行，行粒数38～40粒。籽粒硬粒形、黄色、白轴，百粒重31克左右，出籽率90%左右。田间表现大、小斑病、纹枯病发病较轻，抗倒性一般。籽粒粗蛋白质（干基）含量8.68%，粗脂肪（干基）含量4.15%，粗淀粉（干基）含量75.17%，赖氨酸（干基）含量0.29%，容重764克/升。
广西	青青700	南宁市正昊农业科学研究院、广西青青农业科技有限公司选育。西南春玉米组出苗至成熟119.85天，比对照渝单8号晚熟4.1天。幼苗叶鞘紫色，叶片浅绿色，叶缘浅紫色，花药黄色，颖壳绿色。株型半紧凑，株高285.2厘米，穗位高116厘米，成株叶片数19～21片。果穗筒形，穗长18.45厘米，穗行数16～18行，穗粗5.25厘米，穗轴红。籽粒黄色、半马齿型，百粒重31.25克。感大斑病、纹枯病、丝黑穗病、穗腐病，高感灰斑病，抗茎腐病，中抗小斑病。粗蛋白质含量10.52%，粗脂肪含量3.64%，粗淀粉含量70.68%，赖氨酸含量0.29%。

（续）

地区	品种名称	品种描述
广西	宜单 629	襄阳冠智林科技有限公司选育。生育期春季平均 105 天，秋季平均 93 天，幼苗长势中上，后期田间评定中。株型紧凑，株高 221 厘米，穗位高 82 厘米。果穗筒形，籽粒黄色、半马齿型，果穗外观中上，穗轴白色，穗长 19.9 厘米，穗粗 4.9 厘米，秃顶长 0.7 厘米，穗行幅度 12～16 行，平均穗行数 13.5 行。百粒重 35.7 克，出籽率 85.3%，空秆率 0.4%，倒伏率 0.0%，倒折率 0.2%。田间调查大斑病 1～3 级、平均 1.5 级，小斑病 1～3 级、平均 1.7 级，纹枯病 13.9%，粒腐病 0.0%，茎腐病 0.5%，锈病 1～5 级、平均 3.0 级，青枯病 0.9%，丝黑穗病 0.0%。中抗大斑病，抗小斑病，高感纹枯病，病情指数为 83.6，感锈病，高抗茎腐病，感玉米螟。
	万千 968	广西万千种业有限公司选育。生育期春季平均 113 天，秋季平均 104 天，幼苗长势中上，后期田间评定中上，株型半紧凑。芽鞘紫色，全生育期叶片数 20 片，花药浅紫色，雄穗分枝数 19.7 个，花丝浅紫色，果穗与茎秆夹角小于 45°，穗柄长 1.1 厘米，苞叶长。株高 271 厘米，穗位高 109 厘米，果穗筒形，籽粒黄色、半硬粒型，果穗外观中上，穗轴白色，穗长 17.1 厘米，穗粗 5.14 厘米，秃顶长 0.2 厘米，穗行幅度 12～20 行，平均穗行数 16.9 行，平均行粒数 39 粒，单穗粒重 172 克，日产量 5.51 千克/亩，百粒重 29.6 克，出籽率 85.2%。2018 年两季自行生产试验田间调查：倒伏率 0～5%，倒折率 0，大斑病 1～5 级，小斑病 1～3 级，纹枯病发病率 0～13.3%，穗粒腐病发病率 0～10.7%，锈病 1～3 级，青枯病发病率 0。感大斑病、小斑病，高感纹枯病、病情指数为 95.6，中抗穗腐病、平均病级 5.4 级，中抗南方锈病，高抗茎腐病、发病率为 0。容重 792 克/升，粗蛋白质含量 10.28%，粗脂肪含量 4.57%，粗淀粉含量 71.05%。
重庆	三峡玉 23	重庆三峡农业科学院选育。该品种属中熟杂交玉米，在区试 3 000 株/亩密度下，出苗至成熟 111～140 天，平均 127 天，比对照短 2 天。第一叶鞘紫色，株型半紧凑，株高 258 厘米，穗位高 100 厘米。叶色绿色，成株叶片数 18 片，花药浅紫色，颖片绿色，花丝绿色。穗长 19.3 厘米，穗行数 17.5 行，行粒数 35.6 粒。果穗长筒形，穗轴红色，籽粒黄色、半马齿型，百粒重 34.4 克。籽粒容重 754 克/升，粗蛋白质含量 10.13%，粗脂肪含量 3.5%，粗淀粉含量 73.82%。抗小斑病、茎腐病和穗腐病，感大斑病和纹枯病。

（续）

地区	品种名称	品种描述
重庆	成单 30	四川省农业科学院作物所选育。春播全生育期 119 天。苗期长势强，整齐度好。株高 276 厘米，穗位高 110 厘米。株型半紧凑。雄穗分枝数 4～7 个，分枝较长，花粉量大。雌穗花丝白色。果穗长柱形，穗长 19 厘米，穗行数 16 行，行粒数 35.3 粒，穗轴淡红色。籽粒黄色、中间型，出籽率 87.0%，千粒重 282.1 克。容重 774 克/升，粗蛋白质含量 9.7%，粗脂肪含量 3.8%，粗淀粉含量 67.3%，赖氨酸含量 0.31%。抗大斑病、纹枯病、茎腐病，中抗小斑病、丝黑穗病。
	西大 889	西南大学选育。中早熟杂交玉米。在区试 3 000 株/亩密度下，出苗至成熟 103～130 天，平均 117 天，比对照渝单 8 号短 5 天。第一叶鞘紫色，株型半紧凑，株高 258 厘米，穗位高 94 厘米。叶色深绿色，成株叶片数 17 片，花药黄色，颖片绿色，花丝浅紫色。穗长 18.4 厘米，穗行数 18～20 行，行粒数 37.0 粒。果穗筒形，穗轴白色，籽粒黄色、硬粒型，百粒重 30.4 克。籽粒容重 800 克/升，粗蛋白质含量 10.50%，粗脂肪含量 5.36%，粗淀粉含量 70.02%，赖氨酸含量 0.33%。抗小斑病和穗腐病，感大斑病和纹枯病，高感茎腐病。
四川	正红 6 号	四川农业大学农学院选育。四川地区春播全生育期 124 天，比对照长 4 天。株高 262 厘米，穗位高 103 厘米。株型半紧凑，全株总叶片数 20 片。颖壳绿色，花药黄色，花丝黄绿色。果穗筒形，穗长 16.9 厘米，穗行数 16.5 行，每行 36.3 粒，穗轴粉红色，出籽率 84%。籽粒黄色、马齿型，千粒重 265.9 克。籽粒粗蛋白质含量 10.8%，赖氨酸含量 0.32%，赖氨酸含量 0.25%，粗脂肪含量 4.3%，淀粉含量 73.1%。中抗大小斑病、丝黑穗病、纹枯病、茎腐病和矮花叶病，高抗玉米螟。
	仲玉 3 号	南充市农业科学院、仲衍种业股份有限公司、四川省农业科学院作物所选育。全生育期 118.5 天。第一叶鞘颜色紫、尖端形状圆倒匙形。株高 264.4 厘米，穗位高 105.9 厘米，单株叶片数 19 片左右。叶片与茎秆角度小，茎"之"字程度无，叶鞘颜色绿。雄穗一级侧枝数目中，雄穗主轴与分枝的角度中，雄穗侧枝姿态直线型，雄穗最高位侧枝以上主轴长度中，雄穗颖片基部颜色绿，颖片除基部外颜色浅紫，花药颜色紫，花丝颜色绿。果穗类型中间型，穗行数 15.0 行，行粒数 43.0 粒，千粒重 301 克。籽粒类型中间型，籽粒顶端主要颜色黄，籽粒

（续）

地区	品种名称	品种描述
四川	仲玉 3 号	背部颜色橘黄，穗轴颖片白色，籽粒排列形式直。籽粒容重752 克/升，粗蛋白质含量 10.7%，粗脂肪含量 4.5%，粗淀粉含量 71.8%，赖氨酸含量 0.33%。抗穗腐病、中抗大斑病、小斑病、纹枯病、茎腐病，感丝黑穗病。
	茎玉 9 号	四川省农业科学院作物研究所选育。春播全生育期约 117 天。第一叶鞘颜色绿色、尖端形状圆。株高约 270.7 厘米，穗位高约 114.4 厘米，全株叶片约 18 片。叶片与茎秆角度中（约 25°），茎"之"字程度无，叶鞘颜色绿。雄穗一级侧枝数目中，雄穗主轴与分枝的角度约 25°，雄穗侧枝姿态直线型，雄穗最高位侧枝以上主轴长度长，雄穗颖片基部颜色绿，花药颜色浅紫，花丝颜色绿色。果穗圆筒形，穗长约 19 厘米，穗行数约 16 行，行粒数 32 粒左右，千粒重 303.7 克。籽粒类型马齿型、顶端主要颜色淡黄、背面颜色橘黄，穗轴颖片颜色粉红，籽粒排列形式直。籽粒容重 732 克/升，粗蛋白质含量 9.9%，粗脂肪含量 4.5%，粗淀粉含量 76.4%，赖氨酸含量 0.31%。中抗大斑病、纹枯病，感小斑病、丝黑穗病、茎腐病。
贵州	金玉 932	贵州金农科技有限责任公司、贵州金农农业科学研究所选育。全生育期 124 天，比对照黔单 16 短 2 天。株型半紧凑，株高 256 厘米，穗位高 94 厘米。雄穗一次分枝 8 个左右，雄穗最低侧枝位以上主轴长 42 厘米，最高侧枝位以上主轴长 31 厘米。雄花护颖有紫色条纹，花药紫色，雌穗花丝淡红色。果穗锥形，穗长 19.4 厘米，穗行数 14.3 行、秃尖 0.7 厘米。籽粒排列直，籽粒黄色、硬粒型，百粒重 39.4 克，穗轴白色。容重 822 克/升，粗淀粉含量 72.56%，粗蛋白质含量 11.18%，粗脂肪含量 4.81%，赖氨酸含量 0.33%。抗大斑病、小斑病，中抗丝黑穗病和穗腐病，感纹枯病、茎腐病和灰斑病。
	贵卓玉 9 号	贵州大学、贵州卓豪农业科技有限公司选育。全生育期 153 天，比对照毕单 17 长 2 天。株型半紧凑，叶片较宽，株高 248 厘米，穗位高 96 厘米。幼苗长势强，叶片绿色，颖壳浅紫色，花药淡紫色，雌穗花丝绿色。果穗苞叶覆盖程度较长，果穗筒形，籽粒排列直，穗长 20.3 厘米，穗行数 15 行。籽粒黄色、硬粒型，穗轴白色，百粒重 35.2 克。粗蛋白质含量 9.04%，粗脂肪含量 4.82%，粗淀粉含量 74.42%，赖氨酸含量 0.26%，容重 771 克/升。抗大斑病、纹枯病和玉米螟，中抗小斑病和茎腐病，感丝黑穗病。

（续）

地区	品种名称	品种描述
贵州	真玉 1617	贵州真好农业发展有限责任公司选育。株型半紧凑，雄穗主轴与分枝夹角大。花药浅紫色，花丝绿色。果穗锥到筒形。籽粒橙色、硬粒型，穗轴白色。春播平均生育期 137.4 天，株高 283.5 厘米，穗位高 113.2 厘米，穗长 19.2 厘米，穗行数 16.3 行，行粒数 37.4 粒，百粒重 34.8 克，出籽率 83.9%。籽粒容重 811 克/升，粗蛋白质含量 11.0%，粗脂肪含量 5.6%，粗淀粉含量 72.5%，赖氨酸含量 0.32%。抗小斑病，中抗大斑病、茎腐病和穗腐病，感丝黑穗病和纹枯病。
云南	靖单 15	曲靖市农业科学院、黄吉美选育。西南春玉米组出苗至成熟 122.7 天，比对照渝单 8 号晚熟 2.5 天。幼苗叶鞘浅紫色，叶片绿色，叶缘绿色，花药黄色，颖壳浅紫色。株型半紧凑，株高 304 厘米，穗位高 115 厘米，成株叶片数 17 片。果穗筒形，穗长 18.6 厘米，穗行数 16～18 行，穗粗 5 厘米，穗轴白色。籽粒黄色、半马齿型，百粒重 35.2 克。感大斑病，中抗灰斑病、茎腐病、纹枯病、南方锈病，感穗腐病、小斑病。籽粒容重 776 克/升，粗蛋白质含量 10.35%，粗脂肪含量 4.52%，粗淀粉含量 72.08%，赖氨酸含量 0.35%。
	胜玉 6 号	富源县胜玉种业有限公司选育。平均生育期 137～139 天，幼苗叶鞘浅紫色。株型半紧凑，株高 276～288.1 厘米。雄穗分枝 7 个，花药紫色，花丝浅紫色，穗位高 122～131.3 厘米，穗长 20.2～20.7 厘米，锥形穗。苞叶适中，秃尖 1.0～1.1 厘米，穗行数 14 行，行粒数 39～40 粒，穗轴白色。籽粒黄色、半马齿型，百粒重 33.8～34.5 克，出籽率 83.6%～84.4%。容重 783 克/升，水分含量 11.0%，粗蛋白质含量 12.20%，粗脂肪含量 3.55%，粗淀粉含量 70.90%，赖氨酸含量 0.31%。抗小斑病、弯孢霉叶斑病、丝黑穗病，中感灰斑病、大斑病、穗腐病、锈病，感纹枯病、茎腐病。
	云瑞 47	云南省农业科学院粮作所选育。株高 271 厘米，株型半紧凑，穗位高 115 厘米，穗长 16.2 厘米，穗粗 5.3 厘米，秃尖 1.5 厘米，穗行数 16～18 行，行粒数 31 粒，千粒重 303.8 克，出籽率 82.6%。籽粒黄色、中间偏马齿型，穗轴红色。籽粒粗蛋白质含量 11.16%，赖氨酸含量 0.31%，粗脂肪含量 5.39%。生育期 109～127 天，田间表现植株清秀健壮，抗大斑病、小斑病、丝黑穗病和穗粒腐病。

（续）

地区	品种名称	品种描述
陕西	陕单 650	西北农林科技大学选育。黄淮夏玉米籽粒机收组出苗至成熟 99.5 天，比对照郑单 958 早熟 3.5 天。幼苗叶鞘紫色，叶片绿色，叶缘绿色，花药浅紫色，颖壳绿色。株型紧凑，株高 247 厘米，穗位高 87 厘米，成株叶片数 19 片。果穗筒形，穗长 17.1 厘米，穗行数 14～18 行，穗轴红色。籽粒黄色、半马齿型，百粒重 29.0 克。适收期平均籽粒含水量为 26.7%、≤28% 点次比例为 67.8%、≤30% 点次比例为 82.3%。倒伏倒折率之和为 1.6%、≤5.0% 达标点比例为 91%，籽粒破碎率为 6%。中抗茎腐病，感穗腐病、小斑病、高感弯孢叶斑病、瘤黑粉病。籽粒容重 760 克/升，粗蛋白质含量 9.82%，粗脂肪含量 4.30%，粗淀粉含量 74.64%，赖氨酸含量 0.29%。
	延科 288	延安延丰种业有限公司、赵汉福选育。西北春玉米区出苗至成熟 127 天，比郑单 958 早 3 天。幼苗叶鞘紫色，花药紫色。株型紧凑，株高 220 厘米，穗位高 85 厘米，成株叶片数 18～19 片。花丝粉红色，果穗长筒形，穗长 18 厘米，穗行数 16～18 行，穗轴红色。籽粒黄色、半马齿型，百粒重 38.4 克。高抗茎腐病，中抗小斑病，高感大斑病和丝黑穗病。籽粒容重 789 克/升，粗蛋白质含量 9.89%，粗脂肪含量 3.16%，粗淀粉含量 74.57%，赖氨酸含量 0.27%。
	五单 2 号	陕西五行种业有限责任公司选育。西南春玉米组出苗至成熟 116 天，比对照渝单 8 号早熟 2.3 天。幼苗叶鞘紫色，叶片绿色，花药浅紫色。株型紧凑，株高 258 厘米，穗位高 100 厘米，成株叶片数 20 片。果穗筒形，穗长 18.5 厘米，穗行数 16～18 行，穗粗 5.2 厘米，穗轴白。籽粒黄色、半马齿型，百粒重 32.6 克。高抗丝黑穗病，感大斑病、穗腐病、小斑病、纹枯病、高感灰斑病、茎腐病。籽粒容重 752 克/升，粗蛋白质含量 11.68%，粗脂肪含量 3.80%，粗淀粉含量 70.25%，赖氨酸含量 0.27%。

（续）

地区	品种名称	品种描述
甘肃	先玉 1225	铁岭先锋种子研究有限公司北京分公司选育。东华北中晚熟春玉米组出苗至成熟 127 天左右，比对照郑单 958 早熟 2 天左右。幼苗叶鞘紫色，叶片绿色，叶缘紫色，花药紫色，颖壳绿色。株型半紧凑，株高 317 厘米，穗位高 113 厘米，穗长 19.9 厘米，穗行数 16～18 行，穗轴红。籽粒黄色、半马齿型，百粒重 36.25 克。感大斑病，中抗丝黑穗病、灰斑病、茎腐病、穗腐病。籽粒容重 764 克/升，粗蛋白质含量 8.84%，粗脂肪含量 3.61%，粗淀粉含量 76.01%，赖氨酸含量 0.25%。
甘肃	中地 9988	中地种业（集团）有限公司选育。西北春玉米组出苗至成熟 129 天左右，与对照熟期相当。幼苗叶鞘紫色，叶片绿色，叶缘紫色，花药浅紫色，颖壳紫色。株型半紧凑，株高 300 厘米，穗位高 122 厘米，成株叶片数 21 片。果穗筒形，穗长 19.5 厘米，穗行数 16～18 行，穗粗 5.0 厘米，穗轴红色。籽粒黄色、半马齿型，百粒重 35.1 克。高感大斑病，感丝黑穗病、茎腐病、穗腐病。籽粒容重 786 克/升，粗蛋白质含量 10.30%，粗脂肪含量 3.46%，粗淀粉含量 72.61%，赖氨酸含量 0.33%。
甘肃	垦玉 90	甘肃农垦良种有限责任公司选育。普通玉米，生育期 139 天。株型半紧凑，株高 290 厘米，穗位高 105 厘米。果穗锥形，穗轴红色，穗长 20.5 厘米，穗粗 5.0 厘米，轴粗 2.8 厘米，穗行数 16～18 行，行粒数 41.8 粒，出籽率 86.2%。籽粒马齿型、黄色，千粒重 370.4 克。容重 728 克/升，粗蛋白质含量 7.97%，粗脂肪含量 3.74%，粗淀粉含量 72.41%，赖氨酸含量 0.28%。抗穗腐病，中抗茎基腐病，感丝黑穗病和大斑病。
宁夏	先玉 698	铁岭先锋种子研究有限公司选育。幼苗叶片绿色，叶鞘紫色。植株半紧凑型，株高 324 厘米，穗位高 122 厘米，20 片叶。雄穗一级分枝数 5 个，护颖绿色，花药黄色。雌穗花丝紫色。果穗长筒形，粉轴，穗长 19.7 厘米，穗粗 5.0 厘米，秃尖 1.2 厘米，穗行数 16.5 行，行粒数 38 粒，单穗粒重 236.3 克，出籽率 85.1%。籽粒马齿型、橙黄色，百粒重 38.0 克。

（续）

地区	品种名称	品种描述
宁夏	宁单40	宁夏农林科学院农作物研究所选育。青贮生育期135天，与对照正大12熟期相同。幼苗第一片叶呈椭圆形，叶鞘浅紫色，叶片深绿，持绿性好。株型紧凑，全株21片叶，籽粒乳线1/2期时绿叶数11片，株高278厘米，穗位高114厘米，雄穗分支数6~8个。颖壳绿色，花药浅紫色，雌穗花丝红色。双穗率5.8%，穗长19.1厘米，穗粗5.2厘米，穗行数16行，行粒数41粒，果穗筒形，穗轴红色。籽粒黄色、半马齿型。抗大斑病，中抗小斑病、腐霉茎腐病、丝黑穗病，高感矮花叶病。全株淀粉含量33.0%，中性洗涤纤维含量33.4%，酸性洗涤纤维含量17.8%，粗蛋白质含量9.2%。
	西蒙6号	内蒙古西蒙种业有限公司选育。西北春玉米组出苗至成熟135.3天，比对照先玉335晚熟0.3天。幼苗叶鞘紫色，叶片深绿色，叶缘绿色，花药浅紫色，颖壳浅紫色。株型半紧凑，株高331厘米，穗位高135厘米，成株叶片数19片。果穗长锥形，穗长20.1厘米，穗行数16行，穗粗5.0厘米，穗轴红色。籽粒黄色、半马齿型，百粒重38.3克。高感大斑病、穗腐病，感丝黑穗病、茎腐病。籽粒容重758克/升，粗蛋白质含量8.47%，粗脂肪含量3.85%，粗淀粉含量74.78%，赖氨酸含量0.28%。

附件7　常用大豆、玉米种衣剂介绍

高正农化精歌、种亲种衣剂

一、产品特点和作用原理

精歌是由咯菌睛和精甲霜灵复配的悬浮种衣剂。

（1）咯菌睛是非内吸苯吡咯类化合物，它通过抑制葡萄糖磷酰化有关的转运来抑制菌丝生长，作用机制独特，即使在低用量下对镰刀菌的抑菌活性也非常高，与其他杀菌剂无交互抗性。

（2）精甲霜灵是内吸性苯胺类化合物，普通甲霜灵的R异构体是一种高效内吸杀菌剂，通过抑制RNA的生物合成而阻止真菌产孢和抑制菌丝生长，最终导致病菌死亡，对卵菌纲真菌有特效，具有预防和治疗功效。

种亲具有超高含量：48%噻虫嗪种衣悬浮剂，48%的含量相当于620克/升。

（1）全球唯一：目前是全球最高含量，国内独家登记，具有唯一性，属于稀缺产品。

（2）种亲是一种烟碱类杀虫剂，具有内吸传导性，兼具胃毒和触杀作用，用于种子处理，可被作物根系迅速内吸，并传导到植株各部位，可有效防治玉米苗期蚜虫、灰飞虱和水稻苗期蓟马、蚜虫等虫害。

二、产品使用范围和方法

作物	防治对象	用药量	使用方法
大豆	根腐病	330～400毫升/百千克种子	种子包衣

25‰精甲霜灵·咯菌腈·噻虫嗪悬浮种衣剂（迈舒平）

有效成分及含量	作物/场所	防治对象	用药量	施用方式
25‰精甲霜灵·咯菌腈·噻虫嗪悬浮种衣剂	玉米	土传、种传类根腐病，蛴螬、金针虫等地下害虫	300～500毫升/百千克种子	种子包衣
25‰精甲霜灵·咯菌腈·噻虫嗪悬浮种衣剂	大豆	土传、种传类根腐病，蛴螬、金针虫等地下害虫	300～500毫升/百千克种子	种子包衣

1. 产品特点

（1）杀菌谱广 对多种土传、种传病害高效，减少烂种、烂秧，促进苗齐苗壮。

（2）病虫兼防 兼防蛴螬、蝼蛄等地下害虫危害，一药多防。

（3）安全稳定 对健康种子安全，提升幼苗抗逆性，生长势强，根系发达。

2. 包衣效果 对多种土传、种传病害及地下害虫高效，促进苗齐苗壮、根系发达，为高产打下坚实基础。

3. 适宜区域 适用于全国玉米、大豆主产区种子包衣处理。

4. 生产企业 瑞士先正达作物保护有限公司。

5. 注意事项

（1） 按300～500毫升/百千克种子使用剂量，用水稀释至1～2升（即药浆∶种子=1∶50～100），药浆和种子按比例搅拌，直到药液均匀分布于种子表面，阴干后即可。

（2） 用于处理的种子应达到国家良种标准。

（3） 配制好的药液应在24小时内使用。

（4） 本品使用方便，可供农户直接包衣，亦可供种子公司作统一种子包衣处理。

25%噻虫·咯·精甲悬浮种衣剂（葆征）

1. 技术原理　一种兼治大豆苗期害虫和苗期根腐病的种衣剂。该悬浮种衣剂具有延长种子活力、促进种子萌发和幼苗早期生长的作用，对刺吸式口器害虫和大豆根腐病具有良好控制效果。

2. 使用方法　播种前，按照药种比1∶125进行包衣。

3. 使用效果　与对照相比，出苗率达80%以上，对蚜虫、叶蝉防效达85%以上。

4. 生产厂家　沈阳化工研究院（南通）化工科技发展有限公司。

对照

葆征

附件8 常用大豆、玉米化学除草剂、生长调节剂介绍

化学除草剂——金都尔

有效成分及含量	作物/场所	防治对象	用药量（制剂量/亩）	施用方式
精异丙甲草胺乳油 960 克/升	春大豆田	一年生禾本科杂草及部分阔叶杂草	80～120 毫升/亩	土壤喷雾
精异丙甲草胺乳油 960 克/升	春玉米田	一年生禾本科杂草及部分阔叶杂草	150～180 毫升/亩	土壤喷雾
精异丙甲草胺乳油 960 克/升	夏大豆田	一年生禾本科杂草及部分阔叶杂草	60～85 毫升/亩	土壤喷雾
精异丙甲草胺乳油 960 克/升	夏玉米田	一年生禾本科杂草及部分阔叶杂草	60～85 毫升/亩	土壤喷雾

1. 产品特点

（1）杀草谱广 高效防治稗草、马唐、牛筋草、狗尾草、荠菜等一年生禾本科杂草及部分阔叶杂草。

（2）持效期适中 金都尔土壤半衰期28天，乙草胺半衰期11天，甲草胺半衰期8天。

（3）安全稳定 对玉米、大豆安全，不伤根，不抑制作物生长。

2. 除草效果 对稗草、马唐、牛筋草、狗尾草、荠菜防效高；对马齿苋、繁缕、苋属防效中等，对香附子和藜科杂草防效一般。

3. 适宜区域 适用于全国玉米、大豆主产区播后苗前土壤封

闭除草。

4. 生产企业　先正达（苏州）作物保护有限公司。

5. 注意事项

（1）对于单、双子叶杂草混发的田块，建议金都尔＋噻吩磺隆/唑嘧磺草胺桶混使用。

（2）施药时，根据土壤墒情决定兑水量，推荐 30～60 千克/亩，均匀喷雾。

（3）干旱气候不利于药效发挥，在土壤墒情较差时，可在施药后浅混土 2～3 厘米。

（4）在质地黏重的土壤上施用时，使用高剂量；在疏松的土壤上施用时，使用低剂量。

（5）该药剂在低洼地或沙壤土使用时，如遇雨，容易发生淋溶药害，需慎用。

（6）春大豆田、玉米、甜菜等播种作物，按推荐剂量播后苗前土壤均匀喷雾。

（7）每季作物最多使用 1 次。

生长调节剂——国光玉米矮丰套餐

1. 技术原理

（1）本套餐能起到矮化植株、提高抗倒能力的作用。

（2）提高玉米植株体内叶绿素、蛋白质、核酸的含量，提高叶片光合作用速率，延缓植株衰老。

（3）增强玉米植株对水、肥的吸收，促进根系生长发育。

2. 使用方法 玉米 6～13 片展开叶，一套（20 克国光玉米矮丰＋10 克胺鲜酯）一亩地全株喷施。

3. 使用效果 使用国光玉米矮丰套餐后，玉米基部节间缩短，株高、穗位高适度降低，气生根根层多，根系发达，可有效提高玉米抗倒伏能力，减轻玉米后期倒伏。

4. 生产厂家 四川国光农化股份有限公司。

国光玉米矮丰套餐田间效果展示

附件9　常用大豆、玉米播种、施肥、打药和收获机械介绍

大豆玉米密植分控气吸式免耕精量播种机

1. 机具参数

配套功率 （千瓦）	整机外形尺 （毫米）	行距 （毫米）	株距 （毫米）	作业效率 （亩/小时）
88.2～132.3	2 450×3 380×1 580	300～400	大豆 70～150 玉米 80～160	18.9～48

2. 机具特点

（1）**精密排种**　进口气吸式排种器可适应间作作物更小株距播种的农艺需要，通过更换专用不锈钢种盘可实现玉米、大豆的播种。

（2）**适应性广**　该机可选配置丰富，行距、株距调整方便，适应多种作业环境。楼腿式开沟器与清茬组件的组合可在麦茬地上进行免耕作业，特别适应大豆的30～40厘米的小行距播种，每行独立的仿形功能和双限深轮设计满足了玉米、大豆作物不同的播种深度要求。

（3）**智能化程度高**　排肥器可选装电控式调整，满足不同作物肥料需求量，整机配备种子监控器，漏播或缺种时进行报警提示，也可选装肥料监控器。

3. 作业效果　在高速作业时，玉米、大豆播种均匀性均高于国家标准要求。

4. 适宜区域　适用于西南、西北和黄淮海间作大豆、玉米免耕播种作业。

5. 生产研制单位　河北农哈哈机械有限公司研制。

大豆玉米密植分控清茬免耕施肥播种机

1. 机具参数

配套功率 （千瓦）	整机外形尺 （毫米）	行距 （毫米）	株距 （毫米）	作业效率 （亩/小时）
73.5～102.9	2 660×2 520×1 250	300～400	大豆 65～170 玉米 70～200	9.5～25

2. 机具特点

（1）利用垂直旋耕刀进行清理秸秆和残茬，避免过深扰动土壤而造成失墒。

（2）使用大模侧边箱传动，高速运转更平稳，大直径刀轴清理效果更佳。

（3）播种单元体采用四连杆独立仿形机构，保证播种深度一致性。

（4）玉米、大豆选用专用排种器，均可独立调整株距。

3. 适宜区域 适用于西南、西北和黄淮海间作大豆、玉米免耕播种作业。

4. 作业效果

检验项目（类别）		单位	标准要求		检验结果	结果判定	备注
播种均匀性	大豆	—	粒距合格指数	≥75%	97.6%	符合	大豆种子粒距：11厘米 玉米种子粒距：12厘米 作业速度：3.8千米/小时
		—	重播指数	≤20%	0		
		—	漏播指数	≤10%	2.4%		
		—	合格粒距变异系数	≤35%	19.6%		
	玉米	—	粒距合格指数	≥75%	100%		
		—	重播指数	≤20%	0		
		—	漏播指数	≤10%	0		
		—	合格粒距变异系数	≤35%	12.2%		

5. 生产研制单位　山东大华机械有限公司研制。

2BF-3 带状套作播种机

1. 机具参数

配套功率 （千瓦）	整机外形尺 （毫米）	行距 （毫米）	株距 （毫米）	作业效率 （亩/小时）
20～30	1 440×1 500×980	300～800	80～200	4～6

2. 机具特点

（1）该机具能实现套作玉米大豆施肥、播种、覆土、镇压等工序。

（2）采用前倾自适应驱动地轮，有效减小驱动轮滑移率，提高了播种精度。

（3）采用可调式仿形单体，保证在土壤平整度不同的情况下播种深度一致。

3. 作业效果 带状套作玉米、大豆的漏播指数低于 5%，重播指数低于 8%。

4. 适宜区域 适用于西南带状套作大豆或玉米播种作业。

5. 生产研制单位 四川农业大学、四川刚毅科技集团有限公司联合研制。

2BF-5C 型带状间作精量播种机

1. 机具参数

配套功率 （千瓦）	整机外形尺 （毫米）	行距 （毫米）	株距 （毫米）	作业效率 （亩/小时）
50～70	1 470×2 400×1 250	300～600	80～140	8～12

2. 机具特点

（1）采用前倾自适应驱动地轮，有效减小驱动轮滑移率，提高高密度小株距下播种精度。

（2）实现了玉米大豆株距、播深等分别调控。

3. 作业效果　玉米和大豆的漏播指数低于 5％，重播指数低于 8％，出苗率达到 92.3％和 95.4％。

4. 适宜区域　适用于西北、黄淮海和西南间作大豆、玉米播种作业。

5. 生产研制单位　四川农业大学、四川刚毅科技集团有限公司联合研制。

2BF-6C 型带状间作精量播种机

1. 机具参数

配套功率 （千瓦）	整机外形尺 （毫米）	行距 （毫米）	株距 （毫米）	作业效率 （亩/小时）
70～90	1 500×2 500×1 250	300～600	80～160	15～20

2. 机具特点

（1）采用前倾自适应驱动地轮，有效减小驱动轮滑移率。

（2）实现了玉米大豆株距、播深等分别调控。

（3）采用密植专用排种盘。

3. 作业效果 玉米和大豆的漏播指数低于 5%，重播指数低于 8%，出苗率达到 92.3% 和 95.4%。

4. 适宜区域 适用于西北、黄淮海和西南间作大豆、玉米播种作业。

5. 生产研制单位 四川农业大学、河北农哈哈机械有限公司联合研制。

3WPZ-680 高地隙喷杆分带喷雾机

1. 机具参数

配套功率 （千瓦）	喷杆升降高 （毫米）	喷幅 （毫米）	药箱容积 （升）	作业效率 （亩/小时）
30	500～1 800	6 800	140×2	30～50

2. 机具特点

（1）本机具有双施药变量喷雾系统、分带幕板和多用途喷杆架，实现了玉米和大豆分带同步喷药（除草）。

（2）吊杆喷头高度及轮距宽度可调，有效降低了雾滴的飘移。

3. 作业效果　节省农药、防治成本低，可减少农药用量10%～20%。

4. 适宜区域　适用于黄淮海、西北和西南玉米大豆带状复合种植的喷药作业。

5. 生产研制单位　河南农业大学、四川农业大学、河南三得兴机械有限公司联合研制。

GY4D-2 型大豆联合收获机

1. 机具参数

配套功率 （千瓦）	整机外形尺寸 （毫米）	行距 （毫米）	收获幅宽 （毫米）	作业效率 （亩/小时）
33.5	4 230×1 500×2 300	400～700	1 200	4～6

2. 机具特点

（1） 采用单动刀低位割台。

（2） 采用组合钉齿式高通量低破碎脱粒和双风道高效清选。

（3） 在条件允许的地方，通过更换割台、调整脱粒和清选参数，可实现收获玉米籽粒。

3. 收获效果　机收大豆时：籽粒破碎率≤1.81%、含杂率≤2.02%、损失率≤0.52%。机收玉米时：籽粒破碎率≤5%、含杂率≤3%。

4. 适宜区域　适用于西南、西北黄淮海玉米大豆带状复合种植的大豆机收作业。

5. 生产研制单位　四川农业大学、四川刚毅科技集团有限公司联合研制。

4YZP-2X 履带式自走式玉米收获机

1. 机具参数

配套功率 （千瓦）	整机外形尺寸 （毫米）	行距 （毫米）	收获幅宽 （毫米）	作业效率 （亩/小时）
45	4 500×1 780×1 990	400～700	1 200	4～6

2. 机具特点

（1）窄幅辊板组合式摘穗装置。

（2）采用拨禾链式强制喂入技术，适应多种行距的玉米收获。

（3）采用盘式粉碎切刀，秸秆切断效果好，动力消耗低。

3. 作业效果　果穗损失率≤2％，剥皮率≥95％。

4. 适宜区域　适用于西南、西北、黄淮海玉米大豆带状复合种植的玉米机收作业。

5. 生产研制单位　山东巨明农业装备有限公司。